한울 도련님의 비밀

3

요리스타
청

요리스타 청 ❸

1판 1쇄 발행 | 2014. 3. 27.
1판 6쇄 발행 | 2023. 2. 15.

조재호 글 | 은하수 그림 | 요리조리스쿨 기획 | 정혜정 요리 감수

발행처 김영사 | 발행인 고세규
표지 디자인 김민혜
등록번호 제 406-2003-036호 | 등록일자 1979. 5. 17.
주소 경기도 파주시 문발로 197(우-10881)
전화 마케팅부 031-955-3100 | 편집부 031-955-3113~20 | 팩스 031-955-3111

값은 표지에 있습니다.
ISBN 978-89-349-6706-4   17590
ISBN 978-89-349-6526-8   (세트)

좋은 독자가 좋은 책을 만듭니다. 김영사는 독자 여러분의 의견에 항상 귀 기울이고 있습니다.
전자우편 book@gimmyoung.com | 홈페이지 www.gimmyoungjr.com

이 도서의 국립중앙도서관 출판시도서목록(CIP)은 서지정보유통지원시스템 홈페이지(http://seoji.nl.go.kr)와
국가자료공동목록시스템(http://www.nl.go.kr/kolisnet)에서 이용하실 수 있습니다. (CIP제어번호 : CIP2014008913)

어린이제품 안전특별법에 의한 표시사항
제품명 도서 제조년월일 2023년 2월 15일 제조사명 김영사 주소 10881 경기도 파주시 문발로 197
전화번호 031-955-3100 제조국명 대한민국 ⚠주의 책 모서리에 찍히거나 책장에 베이지 않게 조심하세요.

3 한울 도련님의 비밀

요리스타 청 ★

조재호 글 | 은하수 그림
요리조리스쿨 기획 | 정혜정 요리 감수

주니어김영사

신나고 바른 식문화를 위해

안녕하세요, 독자 여러분? 《요리스타 청》의 스토리를 맡고 있는 만화가 조재호와 그림을 그리고 있는 만화가 은하수입니다.

저희는 함께 만화를 그리고 있는 동료인 동시에 두 아이를 키우고 있는 부부이기도 합니다. 저희 아이들도 《요리스타 청》을 보고 있는 여러분과 비슷한 또래들이에요. 아이들을 키우면서 가장 신경 쓰이는 것 중 하나가 바로 음식입니다. 음식은 아이들의 건강과 성장에 직결되는 문제인 데다가 최근 유전자 조작 식품이다, 방사능 해산물이다 해서 식재료에 대한 흉흉한 이야기들이 워낙 많다 보니 부모로서 자연스레 관심이 갈 수밖에 없지요. 되도록이면 믿을 수 있는 재료를 직접 골라 집에서 제대로 만든 음식만 먹이고 싶지만 그게 생각처럼 쉬운 일은 아닙니다. 각종 패스트푸드와 인스턴트식품들의 광고를 보고 있노라면 어른들도 그 달콤한 유혹을 이겨 내기 힘든데 아이들은 오죽하겠어요? 그래서 저희는 음식에 대해 본격적으로 알아보기로 결심했습니다. 인스턴트식품들이 나쁘다면 왜 나쁜지, 꼭 먹어야 한다면 슬기롭게 먹는 방법은 무엇인지에서부터 아이들의 건강은 물론, 입맛까지 챙겨 줄 수 있는 좋은 먹거리와 바른 조리법에 대해 고민하

기 시작한 것이지요. 그리고 그러한 고민의 결과를 독자 여러분과 나누어야겠다는 결심에서 시작하게 된 만화가 바로 《요리스타 청》입니다.

저희 부부는 예전에 요리 학원을 잠깐 다닌 적이 있지만 그것만으로는 요리 만화를 그리는 데 부족함이 많았습니다. 이를 극복하기 위해 시중에 나온 요리 관련 서적들을 열심히 본 것은 물론이거니와 평소에 안 먹던 음식들도 열심히 먹어 보았습니다. 여러 전문가들의 도움도 받았지요. 동아사이언스의 과학 전문 기자들과 함께 요리와 관련된 과학 지식들을 익히기도 했고, 요리 학교의 선생님들로부터 조언도 구했습니다. 또한 현장에서 요리를 익히는 학생들의 모습을 놓치지 않기 위해 요리 학교 학생들을 인터뷰하고, 학생들이 실습하는 모습도 스케치했습니다.

《요리스타 청》은 독자 여러분에게 단순히 '음식은 무조건 골고루 먹어야 하고, 불량식품은 절대 먹어선 안 돼!'라고 강요하는 만화가 아닙니다. 우리 주인공 청이의 좌충우돌 흥미진진한 학교생활을 즐기면서 만화에 나오는 멋진 요리들을 감상하다 보면 자신도 모르는 사이에 음식이 왜 소중한지, 우리는 어떤 음식을 어떻게 먹고 살아야 하는지 자연스럽게 깨닫게 될 거예요.

만화가 조재호 · 은하수

추천의 말

몸과 마음을 예쁘게 성장시켜 주는 책

안녕하세요? 《요리스타 청》의 요리 교실을 맡고 있는 정혜정입니다.

저는 전주에 있는 국제한식조리학교에서 학생들에게 요리를 가르치고 있는 선생님입니다. 《요리스타 청》의 독자 여러분에게도 맛있는 요리 비법을 하나씩 소개해 주려고 해요. 주방장이 될 것도 아닌데 요리를 배워서 뭐하느냐고요? 여러분은 가족이나 친구들과 맛있는 음식을 먹으면 어떤 기분이 드세요? 신나고 행복하지 않나요? 그래요. 맛있는 음식은 사람들을 행복하게 만든답니다. 여러분도 정성이 깃든 맛있는 요리를 통해 주위 사람들을 기쁘게 해주는 건 어떨까요? 요리는 여러분을 인기 있는 멋쟁이로 만들어 줄 수 있어요.

요리에는 또 다른 놀라운 힘이 있어요. 요리를 하다 보면 성장기에 있는 여러분의 두뇌가 쑥쑥 성장한다는 사실, 알고 있나요? 요리를 만들기 위해 밀가루를 반죽하고, 예쁘게 재료를 다듬고, 냄새를 맡는 등의 행위 자체가 여러분의 감성과 집중력, 지성 등을 길러 주는 훈련이 된답니다. 뿐만 아니라 물을 끓이고, 재료를 익히는 등의 과정을 통해 요리에 숨어 있는 물리, 화학, 생물, 의학 등 각종 과학 지식을 자연스럽게 몸에 익힐 수도 있어요. 여러분이 요리를 통해서 과학을 좀 더 쉽고 친근하게 만날 수 있도록 선생님도 노력하겠습니다.

　친구들은 오늘 어떤 음식을 먹었나요? 김치와 된장찌개? 혹은 샌드위치나 피자? 혹시 먹기 싫다고 투정부리지는 않았나요? 어떤 것이든 우리가 먹는 모든 음식에는 인류의 역사가 담겨 있다고 해도 과언이 아니에요. 인류의 조상들이 농사를 짓고 사냥을 하는 등 어렵게 얻은 식재료들을 어떻게 하면 좀 더 맛있고 영양가 있게 먹을 수 있을까 연구하고 고민한 끝에 만들어진 결과물이 오늘날 우리가 먹는 여러 음식들인 거예요. 오늘 저녁에는 밥상에 있는 음식들을 보면서 그 안에 깃들어 있는 우리의 문화와 조상들의 지혜를 느끼려고 한번 노력해 보세요. 평소 아무렇지도 않게 생각하던 음식들이 한결 맛있게 느껴질 거예요.

　여러분이 건강하고 바르게 성장하는 데 가장 중요한 게 무엇일까요? 바로 음식이에요. 그런 의미에서 저는 여러분께 《요리스타 청》을 추천합니다. 이 만화는 단순히 요리와 관련된 지식만을 알려주거나, 불량 식품은 몸에 해로우니 먹지 말라고 훈계하는 그런 만화가 아니에요. 우리가 올바르게 성장하기 위해서는 어떤 음식을 먹어야 하며, 그러한 음식들이 얼마나 소중한 것인지 일깨워 주는 만화랍니다. 만화에 나오는 주인공들처럼 몸도 마음도 예쁘고 멋있게 성장하고 싶다면 《요리스타 청》을 읽어 보세요.

정혜정 (국제한식조리학교 교장)

★ 등장인물 소개 ★

청이

조선 시대 궁궐에서 일하는 생각시. 뜻하지 않은 사고로 인해 현대 세계로 넘어오게 됐다. 국제조리영재학교의 대표가 되어 요리스타 코리아 대회에 도전한다.

특징 : 냄새만 맡아도 재료를 알아맞힐 수 있는 절대 후각

한울

국제조리영재학교 5학년에 재학 중인 꽃미남 학생. 한정식 식당 수라간의 손자답게 요리 실력이 뛰어나고 외모도 범상치 않아 'A클래스'로 통한다. 학교에서는 의젓한 인기남이지만 청이 앞에서는 개구쟁이 도련님으로 돌변한다.

특징 : 잘생긴 외모와 뛰어난 요리 실력

이말녀 여사

한정식 식당 수라간의 주인이자 한울의 할머니. 소시지, 햄, 통조림 등 즉석식품으로 만든 패스트푸드와 정크 푸드를 거부하고 된장, 청국장 등을 이용한 우리나라 음식의 전통을 이어 나가기 위해 애쓰고 있다.

특징 : 식당에서 파리만 날리게 만드는 걸쭉한 욕

피에르 권

인기 레스토랑 울라불라의 주방장. 과거 이말녀 여사의 제자였다. 청이로부터 조선 시대 요리의 비법을 알아내기 위해 음모를 꾸민다.

특징 : 모든 사람을 홀리는 악마의 소스 개발자

韓食

차 례

제1화

솜사탕 같은 앨버트의 유혹

치이~, 우리 집도 유명해지면 얼마나 좋아.

......

할머니 마음은 알다가도 모르겠단 말이야.

안 그러냐? 청아.

도리
도리

안 그렇사옵니다. 저도 세자마마의 안전이 최우선 이랍니다.

일주일 후.

이 녀석아~! 그만 자고 집 앞이나 쓸어.

하암~, 할머니~, 오늘 일요일인데…

으악!

와글

와글

와글

이 사람들 뭐야?

밖이 왜 이렇게 시끄럽냐?

오잉?

웅성 웅성

이제 어떻게 하실 거예요? 할머니.

어떻게 하긴 뭘 어떻게 해. 음식 팔아야지.

히히. 그럼 오늘부터 바빠지겠네요. 청이도 부를게요.

청이야 청아

청이 없어, 이놈아.

예? 어디 갔는데요?

아침에 앨 머시긴가 빵 잘 만들던 그 녀석하고 약속 있다고 해서,

앨 머시기…?

내가 놀러 보냈다.

크아아아악

안 돼~!

으엉

앨버트 이 녀석 기어코….

으엉

어디 가?

밖에 손님 안 보이냐? 할미 혼자 일 하라고?

놓으세요, 놔요!

이 불효막심한 녀석아.

흑흑흑흑…,
안 되는데….

재미있었니?

예, 정말 신기한 것들 투성이옵니다. 그림이 막 튀어나오다니요.

후훗

왜 웃어?

수라간 동무들과 같이 이 영화를 봤다면 웃겼을 것 같아서요.

모두 도깨비가 나타났다고 하면서 기절했을 것입니다.

아무도 안 믿는데…, 계속 수라간 이야기를 하네.

꽉

앗, 저기 솜사탕이 있다. 너 먹을래?

이것이 솜사탕이옵니까?

응, 맛있어.

푸훗, 순진하기는.

데이트 할 때는 솜사탕을 먹어 줘야 하는 거야.

둘이 같이 먹으면 더 달콤하지.

웅 웅 웅

어머머, 신기해라. 어떻게 만드는 것이옵니까?

솜사탕 하나 줄까?

예, 바로 만들어서요.

너 참 말투가 특이하구나.

좋아, 너희들이 오늘 첫 손님이니까 특별히 공개한다.

솜사탕에는 과학이 숨어 있어.

솜사탕 기계 가운데 있는 그릇에 설탕을 넣고 뜨겁게 열을 가하면 끈적끈적한 액체로 변한단다.

이 그릇 표면에는 아주 작은 구멍이 촘촘하게 뚫려 있지. 그릇을 빠르게 회전시키면,

액체로 녹은 설탕이 그릇 바깥으로 튀어나가려는 원심력 때문에 작은 구멍으로 얇게 빠져나오지.

회전 그릇 안은 뜨겁지만 밖으로 나오면 금세 식어 버려서 가느다란 실 모양으로 변한단다.

그 다음부터는 쉬워. 이렇게 젓가락으로 휘휘 감아 주면 완성이지.

솜사탕과는 조금 다르지만 팝콘과 뻥튀기도 이렇게 물질의 상태 변화를 이용한 음식이야.

요리조리 과학 이야기

팝콘에 숨은 과학 비밀

같은 압력에서 기체는 액체보다 부피가 훨씬 크답니다. 물 한 방울을 수증기로 만들면 부피가 무려 1600배 이상 커지지요. 이런 상태 변화를 이용한 음식이 바로 영화관에서 즐겨 먹는 팝콘이에요. 옥수수 알갱이에 뜨거운 열을 가하면 알갱이 속에 들어있던 수분이 수증기로 변하지요. 여기에 계속 열을 가하면 수증기의 압력을 견디지 못하고 옥수수 알갱이가 툭 터지면서 맛있는 팝콘으로 변한답니다.

빵이요!

팝콘과 달리 뻥튀기를 튀겨 낼 때는 큰 소리가 나요. 기계 안에서 열과 함께 강한 압력을 동시에 가하다가 밖으로 갑자기 내보내기 때문이에요.

뭐야, 이해가 안 가니?

저…,

원심력이 무엇이옵니까?

원심력이 뭐냐면,

꼬옥

어머머.

히히~.

원심력이란 물체를 회전시킬 때 바깥으로 튀어나가려는 힘을 말해.

풀

썩

탁 탁

하여간 참 엉큼한
도련님이라니깐.
그 틈에 손을 또
슬쩍 잡으시네.

ㅇ ㅇ ㅇ…

나한테 이렇게 막
대하는 애는 청이
네가 처음이야.

매…, 매력
있는데.

이제 집에
가 봐야
하옵니다.

으으~

으윽~

아이고~

어머, 무슨 일이세요?

휙

휙

마…, 말할 기운도 없다. 그 명태 녀석 때문에 아주 죽는 줄 알았어.

할머니가 괜히 착한 가게 안 하겠다고 해서 일이 커졌잖아요.

늦어서 죄송해요, 할머니.

도련님은 할머니 끝나고 나서 해 드릴게요.

아이고

난 됐어. 할머니 다리나 더 주물러 드려.

참 잘생기셨네.

제가 이곳에 오지 않았다면…,

세자마마를 이렇게 가까이서 볼 수 있는 기회가 있었을까요?

부끄

부끄

제2화

청아, 너 없인 싫어!

웅성 웅성

오늘 쉰다고?

에이, 멀리서 왔는데…. 헛걸음했구먼.

아이고~, 무릎이야.

아이고오~. 이놈아, 비가 와서 더 아픈 걸 파스 붙인다고 되겠냐?

아이고~

비요? 헤헤. 아침에 해가 쨍쨍하던데 무슨 비예요.

툭 투툭

아!

밖에 비가 오고 있사옵니다.

쏴아아

엥?

히히히, 어떠냐? 웬만한 일기예보보다 이 할미 무릎이 더 정확하지?

꼬르륵

윽!

청이 배고프구나?

헤헤.

비도 오는데 부침개 해 주랴?

네!

윽!

지글

지글

아, 맛있다~!

할머니, 왜 저는 비만 오면 부침개가 먹고 싶어질까요?

거기에도 다 과학이 숨어 있느니라.

부침개에 과학이 숨어 있다고요?

요리조리 과학 이야기

비 오는 날 생각나는 부침개

장마철이면 유난히 고소한 부침개가 생각난다. 왜 그럴까? 기름에 부침개 부치는 소리가 빗소리와 비슷하기 때문이라는 연구 결과가 있다. 숭실대학교 소리공학과 배명진 교수는 달아오른 팬에 부침개 반죽을 올렸을 때 나는 '쉬익~' 소리가 비바람이 부는 소리와 비슷하고, 기름이 '톡탁톡탁' 튀는 소리가 처마 끝에서 '투둑투둑' 떨어지는 빗소리와 진폭과 주파수 면에서 거의 비슷하기 때문이라고 설명했다.

날이 어둡고 흐릴수록 몸에서 열량이 높은 음식을 원하기 때문이라는 연구 결과도 있다. 날이 어두워지면 우리 몸에서 잠을 유도하는 멜라토닌 호르몬이 나오는데, 그 때부터 몸은 무사히 잠을 자기 위해 서둘러 에너지를 비축하기 시작한다. 그래서 비 오는 날이나 밤에는 열량이 높고 기름진 음식을 더 먹고 싶어한다는 것이다.

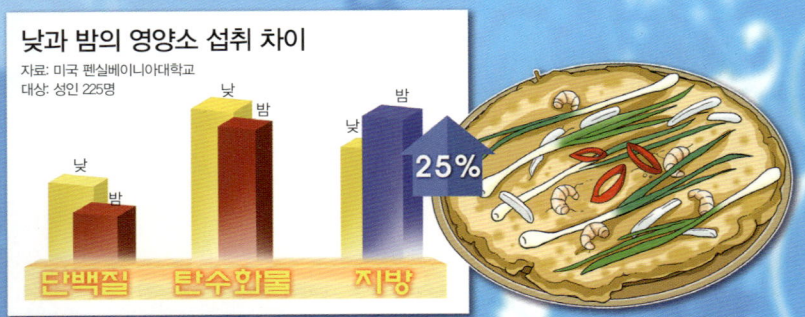

낮과 밤의 영양소 섭취 차이
자료: 미국 펜실베이니아대학교
대상: 성인 225명

낮 밤 단백질
낮 밤 탄수화물
낮 밤 지방
25%

↑ 미국 펜실베이니아대학교 연구팀에서 성인 225명을 대상으로 하루 동안 먹은 음식을 시간대 별로 분석해 보았더니, 밤이 될수록 열량이 높은 음식(지방)을 많이 먹는다는 특징을 발견했다.

21세기
사람들은 참으로
똑똑하옵니다.

부침개부터
아이스크림까지
모르는 게
없사옵니다.

그런데
도련님은 안
드시어요?

안 먹어~,
피자라면
몰라도.

눈치

에잇, 할머니. 난 라면
하나만 끓여 먹을게요.

라면 없다.

그러실 줄 알고
제가 사다 놨지요.
훗.

다 치웠다.

으앙~,
그러시는 게
어딨어요.
제 돈으로
사 온 건데요.

네 돈이 어딨어?
이눔아. 네 돈이
할미 돈이고 할미
돈이 할미 돈이지.

안녕.

안녕!

안녕~♥

흥!
휙
흥!
휘익

쟤가 이번 조리대회에서 우승한 아이지?

맞아.

A클래스 앨버트 선배가 다 만들어 놓은 요리에 숟가락만 얹었대.

정말 여우처럼 생기지 않았니?

응.

꼬옥

어?

유…, 윤주야

무슨 뜻이니?

웅성
웅성

조용!
아직 종례
안 끝났다.

조리대회에 입상한
학생들은 오늘부터
남아서 2시간씩
조리 연습을
더 하도록 한다.

열심히
연습해서
학교의 명예를
더욱 높여주기
바란다는
교장 선생님
말씀 들었지?

똑 똑

네!

오늘 4시, 가사실에서
A클래스 신입 부원
환영식이 있어.

앗, 도련님.

아~, 맞다. 조리대회에서
3등 안에 들면
A클래스가 될 수
있다고 하셨지?

이제 너도 A클래스야. 아이들 설거지는 더 이상 안 해도 돼.

아니옵니다. 공짜로 학교 다니는데,

하던 일은 계속 해야지요.

아냐, 선생님도 A클래스 멤버들에게 그런 일은 시키지 않아.

우린 학교의 명예를 높이기 위해 부지런히 연습하는 데만도 시간이 부족하니까.

그런데 가연이가 늦네. 5시부터는 연습 시작해야 하는데…

그럼 그럴까?

시간 없으니까 일단 시작하자. 곧 오겠지.

촤 아 아

휙

선서!　　나는 A클래스 멤버임을 자랑스럽게 여기고,

A클래스의 명예와 품위를 지키는 데 최선을 다할 것을 맹세합니다.

맹세합니다.

선서!

나는 A클래스 멤버임을 자랑스럽게 여기고.

좋아, 그럼 이 세 명이 A클래스 멤버가 되는 데 반대하는 사람은 손 들어.

그럴리가.

당연하지. 귀여운 동생들인데.

누구긴?
네가 더 잘 알잖아.

A클래스가 되려면
우리 학교 정식
학생이어야 해.

그런데
졸업을 해도
졸업장을 못 받는
청강생이
하나 있어.

뇨옥

후욱

내 말이
원칙에 어긋난다면
교장 선생님께 여쭤 봐.

나도 교장 선생님께
여쭤 보고 오느라고
늦었으니까.

올해 A클래스
새 멤버는
2명뿐이야.

그…, 그렇구나.
미처 생각 못 했어.

또각
또각

잠깐만!

가연아
얘기 좀 해.
왜 청이만
괴롭혀?

도리

도리

아니에요.
도련님.
하지 마세요.
전 괜찮아요.

으으으….

바들 바들

으아앙~!

이게 무슨
일이야.
A클래스가
미달된 적은
한 번도 없는데.

두 명이나
이렇게
되다니……

가연아, 너 애들한테
대체 무슨 짓을
한 거야?

내가 뭘?
비켜!

오늘
내 방에서
잘 거라고?

응.

그러다 기숙사
사감 선생님께
들키면 혼날 텐데.

괜찮아.
안 무서워.

우아~,
윤주 대단한데!

에헷~.

짱 짱

어머…,
누우니까 별이
다 보이네.

네 방 정말 좋다.

헤헤~,
정말?

꼬 옥

더 이상 미안해하지마, 윤주야. 넌 내 유일한 친구잖아.

난 처음부터 네가 돌아올 줄 알았어.

정말?

응. 내가 있던 수라간에서 훈육을 맡은 훈장님이 항상 말씀하셨거든.

진정한 친구는…,

반드시 다시 돌아올 테니까, 기다려 줄 줄 알아야 한다고.

또각

또각 ..

어머머, 정말 좋은 말씀이다.

좋아, 나도 그럼 결심했어.

뭘?

이제 널 500년 전 조선 시대에서 온 생각시라고 믿을 테야.

음…, 그럼 여태 안 믿은 거였네. 뭐, 하긴….

앞으로 그러면 청이 할머니라고 부를까?

우웩~, 할머니라니, 하지 마.

세계 최고 레스토랑 울라불라의 수석 쉐프가 여기서 뭐 하시는 거지요?

오늘은 별다른 얘기가 없군.

언제부터 알고 있었지?

쓰윽

처음 오셨을 때부터요.

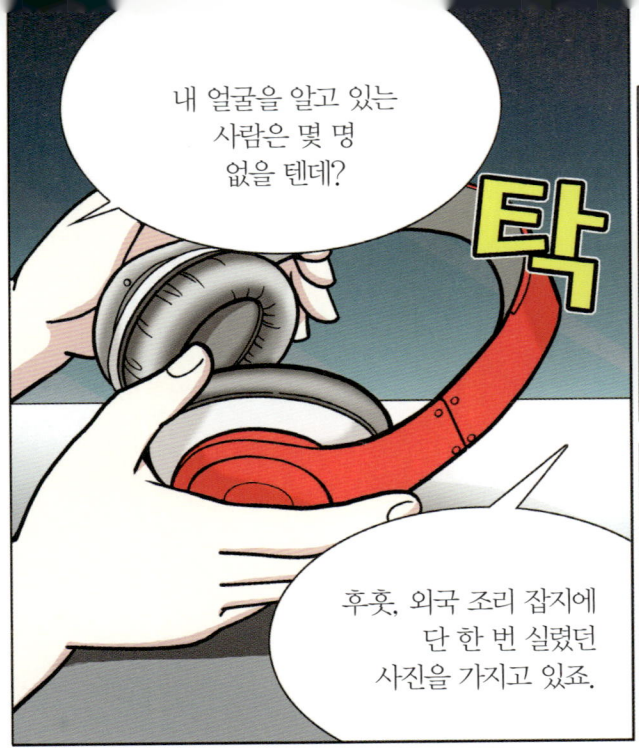

내 얼굴을 알고 있는
사람은 몇 명
없을 텐데?

후홋, 외국 조리 잡지에
단 한 번 실렸던
사진을 가지고 있죠.

그럼 내가 왜 청이를
감시하는지도 알고
있겠군.

그런 건 관심
없어요.

저 아이만
학교에서
쫓아낼 수
있다면!

오~!
그렇군.
잘 됐어.

나도 저
아이에게
물어볼 게
많아서,

내 요리 연구실로
꼭 데려가야 하거든.

호호.

후후.

다른 듯 보이지만
어찌 보면 우린
같은 편이네요?

나도 그렇게
생각한다.

그나저나 여자가
한을 품으면 오뉴월에도
서리가 내린다는
말이 딱 맞는군.

후후훗, 이봐.
친구가 되자면서
나한테까지 감출
필요는 없어.

너 한울이
좋아하지?

뭐?

움찔

그런데 한울이는 마음을 몰라 주고….
그래서 한울이와 가까이 지내는
여자아이들을 모두 제거하려고 하는 거지?

!!

하하하하하!

웃지 마요!

그럼 1차 예선전이 펼쳐지고 있는 조리장으로,

마이크와 카메라를 넘기겠습니다.

와 아 아

와 아

와

떵~

무슨 사람들이 이렇게 많아.

이런 데서 어떻게 요리를 한다는 거지?

야, 정신 차려!

꼬옥

예선전 첫 주제를 공개한다!

모두 와서 봐라! 우리가 바로 다음 조잖아.

1차 예선, 첫 번째 주제는 바로 이것입니다.

활 짝

엥? 야…;양파?

1조 주제는 양파 썰기입니다.

참가자 여러분은 20분 안에 양파 50개를 모두 썰어 주시기 바랍니다.

예!

예!

저게 뭐예요? 대단한 요리대회로 알고 있었는데 고작 양파 썰기라니.

고작이라니.

조리에서 가장 기본이라고 할 수 있는,

칼 솜씨와 음식 재료에 대한 이해를 확인하는 문제다.

A클래스라면 이럴 때 어떻게 할 거지?

첨벙

첨벙

왜 양파를 찬물에 담그죠?

안 그러면 눈이 매워서 양파 50개를 어떻게 썰겠니?

먼저 양파를 찬물에 담급니다.

앗…!

흐엉~, 심사위원님.

매워서 도저히 못 하겠어요. 흑흑.

탈락!

요리조리 과학 이야기

양파가 내뿜는 매운 냄새는 생존을 위한 몸부림?

식물은 상처가 생기면 자신의 몸을 지키는 방어 물질을 내뿜는다. 예를 들어 풀을 베거나 잔디를 깎을 때 맡을 수 있는 풋풋한 풀 향기도 사실 방어 물질이다. 독성을 띤 방어 물질을 내는 식물도 있다. 예쁜 꽃을 피우는 식물 '제라늄'은 스치기만 해도 즉시 독가스를 내뿜는데, 모기 같은 곤충이 얼씬도 못 할 정도로 강력하다. 마늘이나 양파도 독성 방어 물질을 내는 식물이다. 가만히 두면 아무렇지 않지만 껍질을 벗기거나 칼로 썰면 곧바로 눈물이 날 만큼 강한 향을 내뿜는다. 마늘과 양파 세포 속에 있는 '알린'이란 물질이 '알리나제'라는 효소의 도움을 받아 '알리신'으로 바뀌면서 사람의 피부를 자극한다. 파나 부추, 달래도 마찬가지다. 이런 독성 방어 물질은 사람의 눈과 코를 마비시킬 뿐 아니라 다른 세균이나 바이러스도 죽이기 때문에 음식에 넣으면 방부제 역할도 한다.

물속에서 양파 껍질을 벗기면 알리신이 물에 흡수되면서 공기 중에 흩날리지 않아 안전하게 다듬을 수 있지요! 양파를 차게 한 뒤 썰어도 괜찮아요.

제한 시간 끝!
그만!

5번, 7번,
25번 합격!

34번, 71번,
802번 합격.
나머지 분들은
돌아가 주시기
바랍니다.

와

와아

와

여기는
학교하고 달라.
한 번
실수하면
바로
탈락이야.

네!

2조 예선 참가자들은
준비하시기 바랍니다.

모두 준비됐지?
그럼 가자,
조리영재학교!

파이팅!

정혜정 선생님의 요리 교실

창밖에 비가 내리는 걸 보며 부침개를 떠올리는 청이가 참 귀엽지 않나요? 빗소리의 진폭과 주파수가 부침개 부칠 때 나는 소리와 비슷해서 뇌에서 자연스럽게 연상 작용이 일어난다는 사실이 재미있네요. 부침개는 만들기도 쉽고 여러 사람이 나눠 먹기도 좋아 옛부터 잔치상에 많이 올리는 음식이지요. 이번 요리교실 시간에는 달콤한 단호박을 기름에 부쳐 만든 단호박전을 함께 만들어 봐요.

고소한 단호박전 만들기

재료 단호박 50g, 밀가루 40g, 소금 3g, 물과 식용유 조금

❶ 재료를 준비한다.

❷ 단호박은 껍질을 벗겨 속살은 그대로 두고 씨만 털어 낸다.

❸ 속살은 숟가락으로 긁어 내 다지고, 나머지 부분은 채썰어서 2~3번 다진 후 소금을 조금 넣고 살짝 절인다.

❹ 단호박에 물기가 생기면 밀가루를 넣어 되직하게 반죽한다.

❺ 센 불로 팬을 달군 다음 식용유를 넣고, 반죽을 한 숟가락씩 떠 넣어 얇게 펴서 중불에 부친다.

❻ 달콤한 단호박전 완성!

잠깐!

▶ 단호박 자체가 맛있기 때문에 소금을 넣지 않고 전을 부쳐도 담백하답니다. 단호박 대신 감자나 고구마로 전을 부칠 수도 있어요. 팬을 충분히 달군 다음 너무 두껍지 않게 반죽을 올리세요. 기름이 튀어 손이 데이지 않게 조심하세요!

부침개는 끓는점 높은 기름으로!

전이나 부침개, 튀김을 할 때 팬에 기름을 두르면 재료를 골고루 익히고 수분을 없애 바삭한 식감을 즐길 수 있다. 특히 끓는점이 높은 기름을 사용하면 높은 온도에서 재료 표면에 있는 수분을 순식간에 증발시킬 수 있어 더 맛있는 부침개를 먹을 수 있다. 끓는점은 올리브유 180℃, 대두유 220℃, 카놀라유 240℃, 포도씨유 250℃이다. 불포화지방산이 많아 좋은 기름으로 소문난 올리브유는 끓는점이 낮아 부침 요리에는 어울리지 않다.

부침개 맛있게 부치는 4대 비결

❶ 반죽을 되게 한다. 반죽에 물이 많으면 바삭한 맛이 없다. 재료를 골고루 섞기 위한 물만 약간 넣고 재료는 물기를 꽉 짜서 넣는다.
❷ 반죽을 차게 한다. 반죽을 냉장고에 잠깐 넣어놓거나 부치기 직전 얼음을 넣는다.
❸ 센 불에서 시작해 표면의 수분을 빨리 날려버린 뒤 중간 불로 서서히 익힌다.
❹ 기름은 한 번에 넣는다. 똑같은 양의 기름도 조금씩 자주 넣는 것보다 한 번에 많이 넣는 편이 높은 온도에서 바삭하게 부칠 수 있어 맛이 좋다.

韓食

제3화

위기에 빠진 청이와 앨버트

요리스타 코리아 예선 1차전 두 번째 조가 입장하고 있습니다.

와아아

짝 짝 짝

관중 여러분의 뜨거운 응원 부탁드립니다.

도련님 어떡해요? 소녀 너무 떨리옵니다.

후훗, 걱정하지 마.
그동안 연습한 대로
하면 돼.

자, 나처럼 숨을
크게 쉬어 봐.
후~읍!

휴~우.

소용없사옵니다.

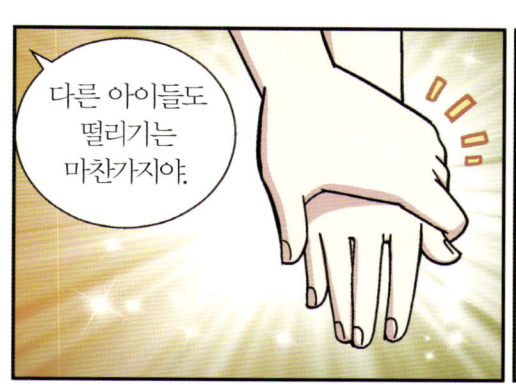

다른 아이들도
떨리기는
마찬가지야.

이익,
또
손을…!

확

으악,
이번은 경우가
다르지.

우리도
잘하자.

꼬
옥

아아~♡

휘청

앗,
왜 그러니?

아…, 아니에요.
갑자기 다리가
풀려서.

2조 참가자
모두 자기
자리로 가
주십시오.

과연
이번 경연
주제는?

소고기?

스테이크다!

이번 주제는
육즙이 빠져나오지
않도록 해서,

촉촉하고 맛있게
미디움 스테이크를
굽는 것입니다.

네!

네!

미…, 미음?

미디움.

스테이크 굽기 정도

레어 rare
고기 표면만 살짝 구워 속은 거의 익지 않고 붉은 상태.

미디움 레어 medium rare
중심부가 붉고 따뜻하며, 육즙이 가장 풍부한 상태.

미디움 medium
중심부가 핑크색으로, 부드럽게 씹는 맛을 즐길 수 있는 상태.

미디움 웰던 medium well-done
육즙이 약간 있으며, 씹을 때 살짝 힘이 들어가는 상태.

웰던 well-done
육즙이 별로 없고 오래 씹어야 먹을 수 있을 만큼 완전히 구운 상태.

고기 굽는 정도를 서양에서는 보통 다섯 단계로 나누지.

헤에~, 현대는 참 신기한 것 투성이옵니다.

무슨 고기 굽는 것까지 시험을 보다니.

웃을 일이 아니야, 청아. 지금 큰일 났어.

네?

난 빵 굽는 데는 자신있지만 고기에는 완전히 약해.

위기에 빠진 청이와 앨버트 **53**

나 사실 스테이크는 한 번도 못 구워 봤어.

어머머, 어떡하옵니까?

앨버트, 앨버트!

뽁

내 손을 봐!

뽁

!

그…, 그게 뭐야?

검지부터 새끼손가락까지 엄지에 붙였을 때 손바닥을 눌러 보면 딱딱한 정도가 각각 달라.

쿡쿡

고기를 눌러 본 다음 손바닥을 눌러서 딱딱한 정도를 비교해 봐.

레어(rare)

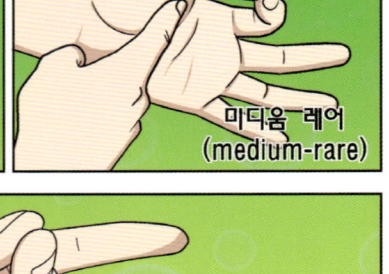

미디움 레어 (medium-rare)

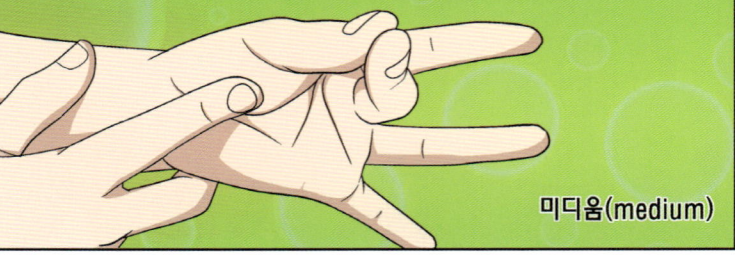

미디움(medium)

미디움 웰던 (medium well-done)

웰던(well-done)

이 녀석이! 지금 친구한테 무슨 신호 보냈지!

아…, 아닌데요.

그냥 조리하기 전에 손 운동한 건데요.

쥐락

펴락

거짓말!

한 번만 더 이상한 행동하면 당장 퇴장이다.

네!

미안, 윤호야.

앗, 청아. 지금 뭐 하는 거니?

네?

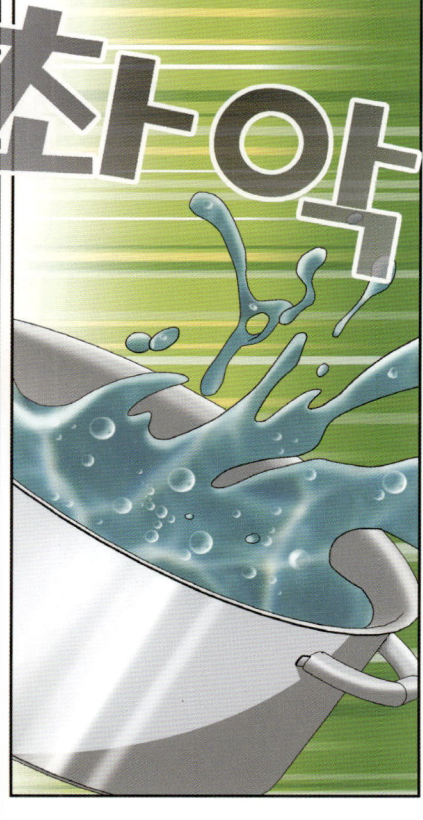

너희들 주방에서 무슨 장난을 한 거지?

무슨 학교 다녀?

조리영재학교입니다….

조리영재학교나 다니는 녀석들이 주방에선 첫째도 안전, 둘째도 안전, 백 번째도 안전이 우선이라는 걸 몰라?

압니다. 아야~!

아는 녀석이 그래? 조리하고 있는데 함부로 그릇을 빼는 건 절대 안 돼. 위험해!

울지 마, 청아. 나 괜찮아.

왜 갑자기 달려드신 거예요? 위험하게.

그러는 너는 뭐 하고 있던 거야?

그것 때문이야. 만약 고기를 물에 넣었다면,

우린 바로 탈락했을거야.

전 스테이크 굽기에 자신이 없어서,

그냥 고기를 삶아서 수육을 만들려고 했죠.

감독관님이 분명히 스테이크를 구워서 제출하라고 하셨잖아.

그리고 이건 그냥 고기만 굽는 시험이 아니야. 마이야르 반응에 대해서 얼마나 알고 있는지 알아보는 시험이지.

마…, 마이 뭐요? 오늘은 왜 이렇게 어렵사옵니까?

요리조리 과학 이야기

군침 흘리게 만드는 고기 냄새, 마이야르 반응 때문?

사람들은 보통 스테이크를 강한 불에 굽는 이유가 육즙이 흘러나오지 않도록 보호하기 위해서라고 알고 있다. 하지만 정확한 이유는 마이야르 반응을 일으키기 위해서다.

마이야르 반응은 프랑스 생화학자 카미유 마이야르가 발견했다. 온도가 130~200℃로 올라가면 고기 안에 들어 있는 단백질과 탄수화물이 아주 작은 물질로 쪼개진 다음 '멜라노이딘'이라는 갈색 물질로 새롭게 합쳐진다. 고기 표면이 갈색으로 변하는 것이 바로 이 마이야르 반응이다. 색깔만 변하는 것이 아니라 맛과 향기도 좋아진다. 우리가 '고기 냄새'라고 알고 있는 고소한 냄새는 마이야르 반응으로 생긴 향이다.

고기를 100℃ 이하로 끓는 물에 담그면 마이야르 반응이 별로 일어나지 않기 때문에 삶은 고기는 구운 고기보다 맛과 향이 떨어지지.

고기를 구울 때 나는 냄새 뿐 아니라 빵집에서 빵을 굽는 냄새, 커피 향기, 소시지를 자를 때 나는 고소한 냄새도 모두 마이야르 반응으로 생겨.

뭐야, 너! 마이야르 반응도 모르면서 조리대회에 나왔나!

조선에서 온 생각시 청이라 하옵니다.

저 훈장님 너무 무섭사옵니다.

예, 그게…,

제가 조선에서 온 지 얼마 안 돼서요….

획

연극은 극장에 가서 해!

나도 무서워. 우리 어서 고기나 굽자.

내가 할게. 먼저 기름 한 숟가락을 넣고 프라이팬을 충분히 달군 다음,

치이이…

굽기 직전 고기에 살짝 올리브유를 바르고 소금을 뿌려서…

쓱 쓱

어, 너 자니?

고기가 익어 가는
냄새를 맡으려
하옵니다.

어서
구우시지요.

풋

네가 냄새를
잘 맡는다는 건
한울이한테
들었지만…,
맘대로 하렴.

치익

몇 분이나
익혀야지?

3분? 5분?

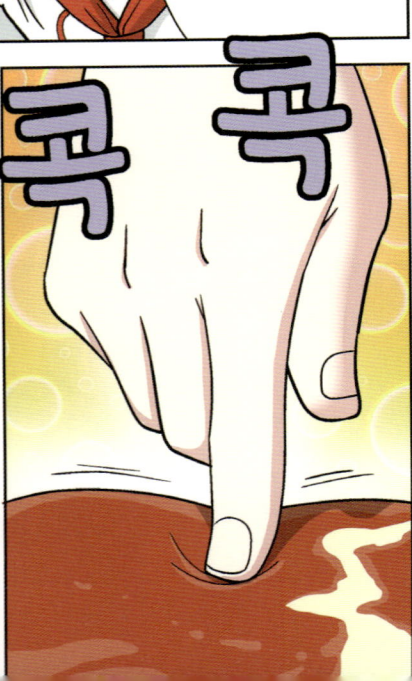

콕 콕

최고의 요리사를
꿈꾸는 학생들의
꿈의 무대!
요리스타 코리아
대회가 열리고
있습니다.

와

와 아

예선 2조의
경연 주제는
'미디엄 스테이크
굽기'입니다!

벌름

벌름

여기저기서
고기를
구우니까,

우리 고기
냄새를 찾기가
쉽지 않네.

아, 이거다.
맛있는 냄새.

이게 빵 도련님이
말씀하신 마이야르
반응이구나.

삶은 고기하고는
향이 완전히
다르구나.

마이야르 반응을
지배하는 자가
고기 맛을 지배한다?

빤히

쿵 쿵

메롱 메롱

냄새로 고기 익은
정도를 맞히는 게
얼마나 힘든데…:
그것도 이런
어린 아이가?

거짓말.

휙
휙

저리 가시지요,
훈장님. 입 냄새가
나서 방해되옵니다.

뭐?

육즙이 빠져나오기 전에 정확히 뒤집었다!

노릇

노릇

휙

쿵 쿵

또 눈을 감았네.

대체 이 아이 정체가 뭐야?

경연장의 가스레인지는 집에서 쓰는 것보다 불이 두 배나 강해서,

자칫 실수하면 고기가 모두 타 버리게 만들었는데….

또 난다, 맛있는 냄새. 에헤헤~.

지금 꺼내셔요!

아…, 알았어. 좀 작게 얘기해.

버…, 벌써?

딩동댕~!
이제 그만!

와 아

요리스타

와

참가자 여러분은
프라이팬에서
모두 손을 떼고
스테이크를 담은
접시를 가져오시기
바랍니다.

휴우~!

우리도 가지고
나갈까?

네.

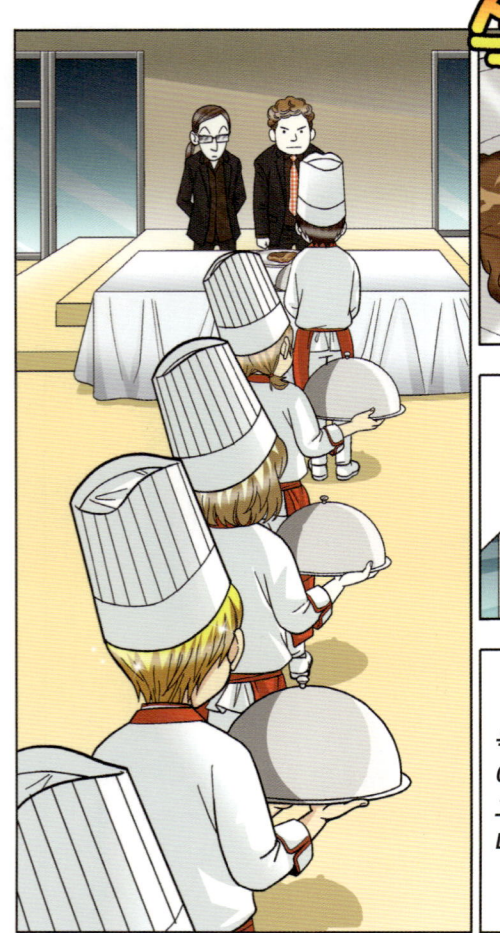

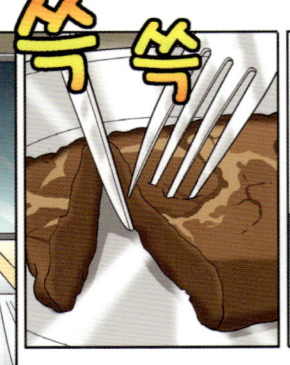

쓱 쓱

네가 볼 때
이게
미디움인가?

아…,
아뇨.

탈락!

다음
참가번호
31번!

육즙 하나 없고
이렇게 바싹 구운
고기가 어떻게
미디움이야?

넌 조리사 말고
다른 꿈을
찾아 봐.
탈락!

이…, 이런. 아직 통과자가 한 명도 없네.

잘해라, 얘들아.

쏙 쏙

….

흠, 그래도 쓸 만한 녀석이 한 명은 있군. 잘 구웠다.

통과!

예스!

다음.

조금 부족하지만, 너희도 통과.

꺄아악!

찰 싹

마…, 만세. 앗!

저…, 저기, 잠깐만 윤주야. 친구들이 다 보고 있는데.

으아앙~, 정말 기뻐요, 선배님. 전 떨어지는 줄 알았다고요.

꼬

옥

탁

오오~!

…

제가 썰지요.

아, 네.

쓱
쓱

제…, 제발 예선 탈락만큼은…

!

넌 자신이 절대 후각을 가졌다고 생각하니?

네? 절대···, 후각이라뇨?

개코냐고 물어보시잖아.

개코 아니옵니다.

그런데 왜 그렇게 냄새 맡는 것에 자신이 있지?

아···, 그게.

전 타고난 후각은 평범하지만,

어머니께서 항상 냄새 맡는 훈련을 시키셨사옵니다.

후각 연습을?

저는 궁에 들어오기 전 바다로 둘러싸인 시골 마을에서 살았습니다. 바다 냄새를 비롯한 세상 모든 향기에 관심을 갖게 되었죠.

예.

제 어머니께서는…,

좋은 음식 냄새를 맡으면 침이 고이듯,

후각과 미각은 서로 다른 세계이지만 통하느니라.

그리 말씀하시며 향기를 맡으면 하나도 허투루 여기지 말고,

어디에서 나는 향인지 찾으라고 하셨지요.

그래서 소녀는 봄이면 산나물을 캐서 향을 맡고,

여름이면 바다에서 미역을,

가을엔 모과, 그리고 겨울에는 더덕을 캐며,

온갖 향을 찾아 산과 들, 바다를 다녔답니다.

그럼 네가 냄새를 잘 맡는 건?

예, 오랜 연습 덕분이지요.

속임수나 거짓말이 아니었구나. 내가 괜히 오해했네.

뭐? 냄새 맡기도,

연습이 된다고?

진짜요?

그럼, 가능하지. 후각은 타고난 감각 15%에,

노력이 85%나 더해져 만들어지거든.

🎩 요리조리 과학 이야기

기억하려 노력하지 않아도 자연히 떠오르는 것은, 바로 후각 때문이다. − 마르셀 프루스트 −

프랑스 작가 마르셀 프루스트는 20세기 초 《잃어버린 시간을 찾아서》라는 소설에서 후각으로부터 무의식 속 기억이 되살아나는 이야기를 그렸다. 소설 속 주인공 마르셀은 홍차에 적신 마들렌 과자 냄새를 맡고 어린 시절을 생생하게 회상한다. 소설이 나온 이후로 사람들은 냄새를 맡았을 때 기억이 되살아나는 현상을 프루스트 현상이라고 부르기 시작했다.

프루스트 현상은 2001년 필라델피아에 있는 미국 모넬화학감각센터의 헤르츠 박사팀이 과학적으로 입증했다. 연구팀은 사람들에게 사진과 함께 특정 냄새를 맡게 한 뒤, 나중에는 사진을 빼고 냄새만 맡게 했다. 사람들은 사진을 볼 때보다 냄새를 맡았을 때 과거를 더 생생하게 기억해 냈다. 소뇌 편도체가 냄새와 감정 정보를 함께 관리하기 때문이다.

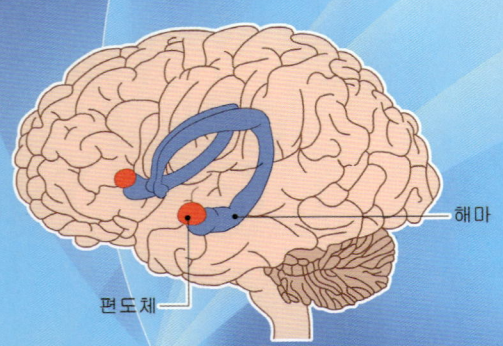

해마

편도체

⬆ 우리가 냄새를 맡으면 그 감각은 바로 해마 끝 부분에 있는 편도체로 이동한다.
편도체는 감정 정보를 받아들여 기억으로 바꾸는 곳이다.

저…, 저기요, 선생님. 저희 스테이크는 채점 안 하시나요?

오늘 구운 스테이크 중에서 최고다.

척

아차, 내 정신 좀 봐.

1등으로 통과!

와 아

우아~, 만세! 조리영재학교 친구들 전원 통과다!

후훗, 이번 요리스타 코리아도 재미있겠군. 대단한 아이가 나타났는데?

와

정혜정 선생님의 요리 교실

고기가 고소한 향을 내며 맛있는 갈색으로 변하는 게 마이야르 반응 덕분이라는 사실을 배웠죠? 오늘은 이 마이야르 반응을 직접 알아볼 수 있도록 함께 고기를 구워 봐요. 이번 주제는 어린이 여러분이 좋아하는 닭고기 스테이크랍니다. 패스트푸드 매장에서 사 먹는 즉석 햄버거는 비만을 일으키기 쉽지만 집에서 직접 해 먹는 닭고기 스테이크는 영양도 만점이에요!

영양 만점! 닭고기 스테이크 만들기

재료 닭가슴살 80g, 빵가루 5g, 차이브 2g, 바질 1g, 파슬리 1g, 생크림과 소금, 후추 조금

❶ 닭고기는 갈고 양송이는 0.5cm 두께로 얇게 썬다. 양파와 차이브, 오레가노, 바질, 파슬리는 잘게 다져 놓는다.

❷ 팬에 버터를 두른 다음 양파를 먼저 볶다가 양송이를 넣고 이어서 볶는다.

❸ 생크림, 소금, 후추로 간을 하고 양송이에서 물이 빠져나오면 빵가루를 넣는다.

❹ 닭고기와 양송이에 허브를 섞고 볼에 넣어 치댄다. 찰지게 만든 뒤 지름 10㎝ 정도 원형 모양이나 럭비공 모양으로 만든다.

❺ 팬에 기름을 두른 뒤 닭고기 스테이크를 익혀 주거나, 팬에서 표면만 익히고 오븐에서 속까지 익힌다.

❻ 영양 만점, 달콤한 닭고기 스테이크 완성!

잠깐!

▶ 닭고기 스테이크는 그대로 먹어도 좋지만 햄버거 패티처럼 빵에 끼워 먹어도 맛있어요. 닭고기 대신 소고기나 돼지고기, 생선으로 스테이크를 만들어도 좋아요.

질긴 고기는 굽는 방법도 다르다

고기를 연하고 육즙이 많도록 굽기 위해서는 질긴 정도에 따라 조리법을 달리해야 한다. 연한 고기는 육즙이 흥건해지는 시점까지 재빨리 익히는 것이 가장 좋다. 그래야 수분을 보호하고 섬유 조직이 쪼그라드는 현상을 줄일 수 있다. 반대로 질긴 고기는 삶거나 끓는점에 가까운 온도에서 장시간 익히는 것이 가장 좋다. 질긴 콜라겐이 연한 젤라틴으로 바뀌어 부드러운 질감을 낼 수 있기 때문이다.

고기 부드럽게 만드는 팁!

❶ 요리하기 전에 고기에 칼집을 넣는다. 근육 섬유를 짧게 끊어 주는 역할을 하기 때문에 연하게 된다.
❷ 키위나 파인애플, 양파, 배를 함께 조리하면 단백질 분해효소가 나와서 연해진다.
❸ 산성을 띤 과즙이나 레몬, 토마토즙에 담가 놓으면 고기가 물을 빨아들이는 힘이 커져서 연해진다.
❹ 설탕이나 꿀을 조리할 때 넣으면 물을 많이 빨아들여 부드럽고 연해진다.

韓食

제4화

장독이 사라졌다!

부웅

안녕~, 월요일에 보자.

안녕히 가시어요.

헤헤헤, 다행이다. 친구들이 모두 예선에 합격해서.

그러게요. 전 오늘처럼 떨렸던 날은 없었사옵니다.

할머니, 우리 왔어요.

모두 합격!

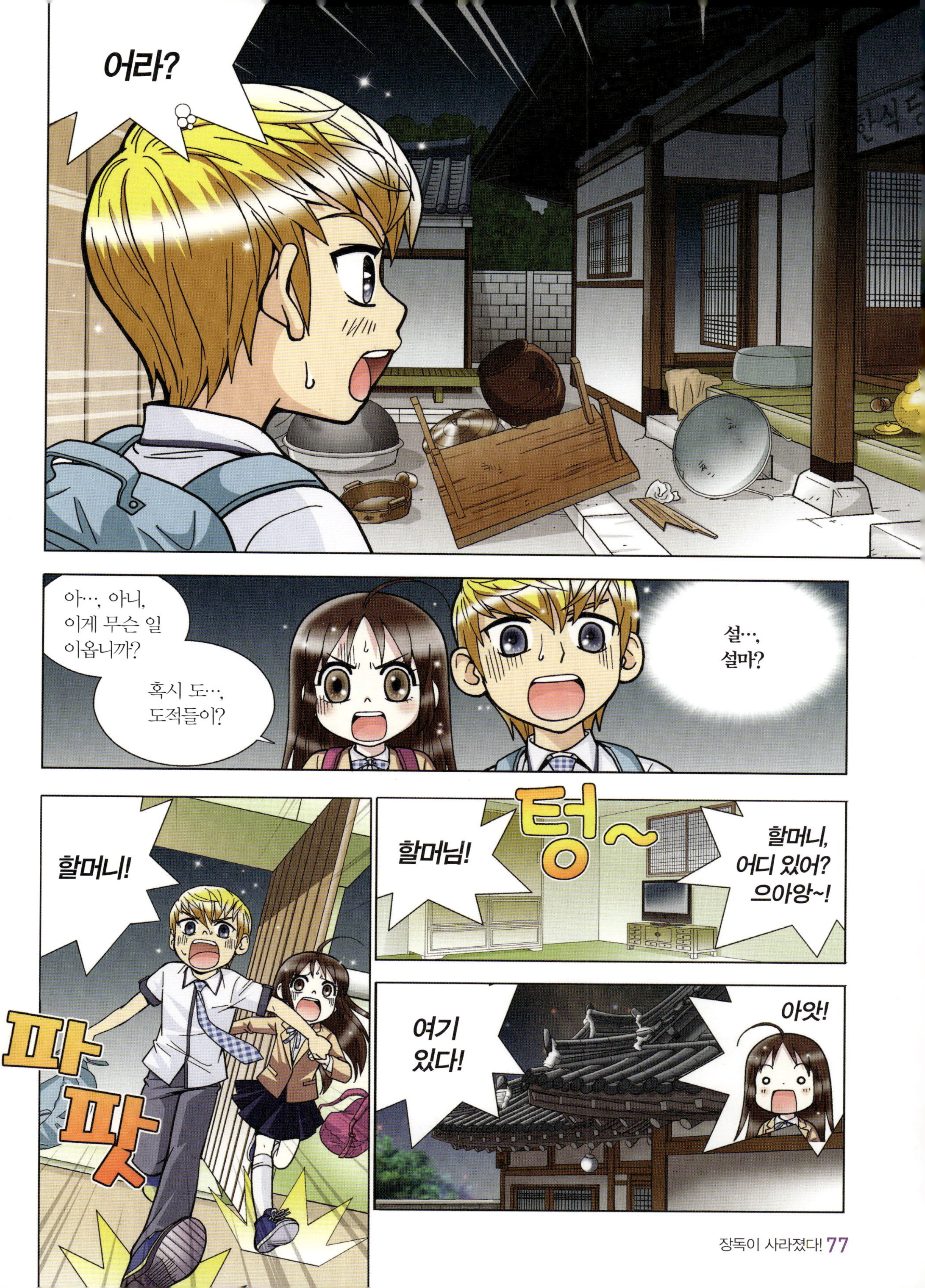

어라?

아…, 아니,
이게 무슨 일
이옵니까?

혹시 도…,
도적들이?

설…,
설마?

할머니!

파
팟

할머님!

텅~

할머니,
어디 있어?
으아앙~!

여기
있다!

아앗!

할머니!

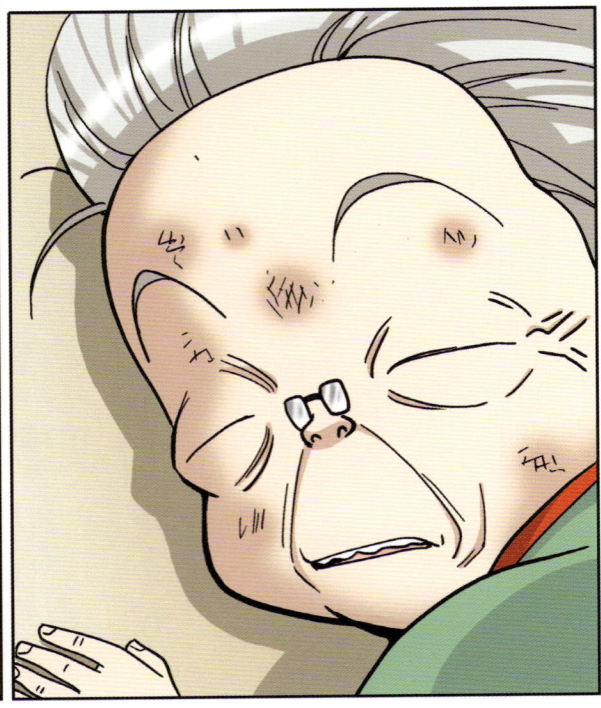

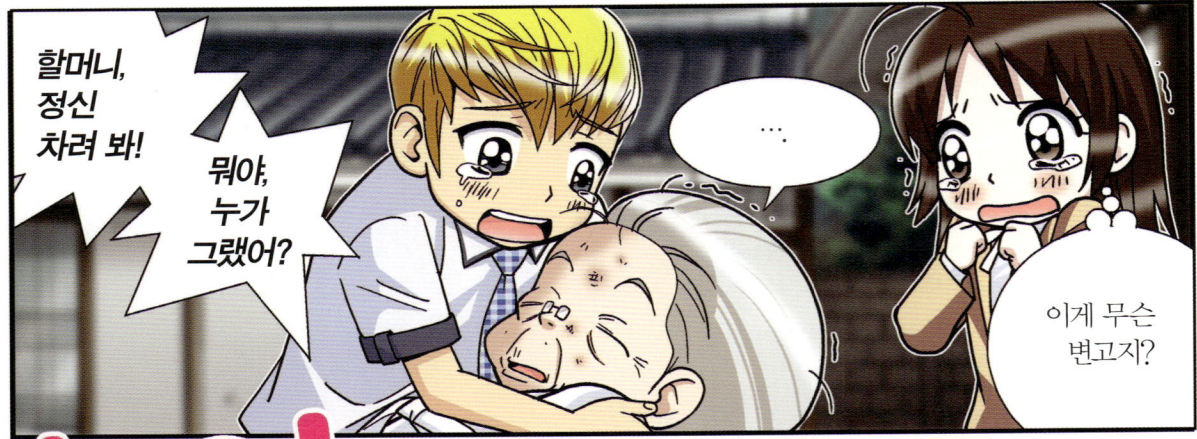

할머니,
정신
차려 봐!

뭐야,
누가
그랬어?

…

이게 무슨
변고지?

하아

학

세…,

학

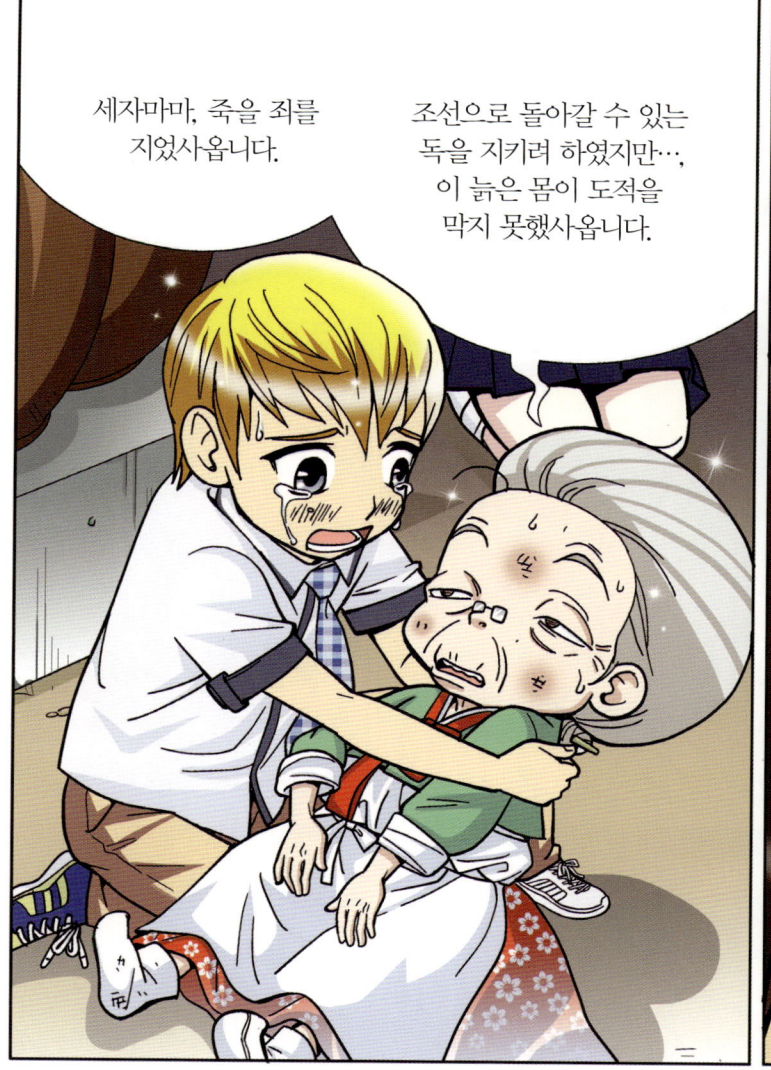

세자마마, 죽을 죄를 지었사옵니다.

조선으로 돌아갈 수 있는 독을 지키려 하였지만…, 이 늙은 몸이 도적을 막지 못했사옵니다.

아…, 안 돼!

장…, 장독이 없어지면 어떡해요?

야, 지금 장독이 문제야?

할머니가 다쳤는데!

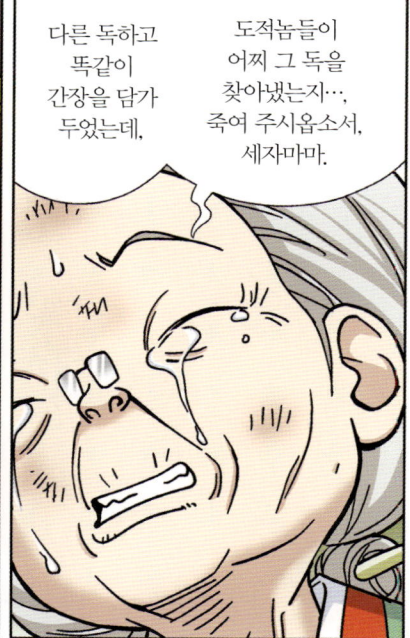

다른 독하고 똑같이 간장을 담가 두었는데.

도적놈들이 어찌 그 독을 찾아냈는지…, 죽여 주시옵소서, 세자마마.

으아앙~, 할머니, 제발 정신 차려.

왜 자꾸 세자마마래? 나 한울이야.

으으….

청아, 어서 119에 신고해!

세자마마를 모셨던 지난 날을 저는 잊지 못할 것입니다.

그만 좀 하래도, 할머니!

청아. 빨리 전화해!

쿵 쿵 쿵

간장 냄새가 나옵니다.

잠시만 기다리십시오.

쿵 쿵 쿵

이쪽이다.

쿵 쿵

미안하다, 청아. 너도 이제 조선 시대로 돌아갈 수 없게 됐구나.

아니요, 빼앗긴 독은 소녀가 찾아오겠사옵니다.

솟아라, 100년 묵은 조선 산삼의 힘!

꽥!

아이구 나 죽네

슈아아앙

멍~

할머니, 우사인 볼트하고 청이가 달리면 누가 이길까?

으응…? 우머시기?

오른쪽에서 냄새가 난다.

이번에는 왼쪽!

꼭 찾고 말 테다. 찾아야 해!

항아리에 조선 시대로 통하는
타임워프 통로가 있다고요? 거짓말.

진짠데.

풋.

도둑들이 항아리를
훔쳐 놓았다고 하니
좀 있다 보면
알 거야.

좋아요.
어?

엄마 말이 틀리지는 않았지만 이건 모르는구나.

우린 버릇이 아니라 직업이거든. 그래서 계속 도둑질할 거다. 메롱~.

이런, 말로 해서는 안 될 분들이군요.

말로 안 되면 어쩔 건데, 꼬맹아.

그러니까 우리 아빠는?

조선 시대 임금님이라는 말이죠?

이제 말이 나왔으니 모두 다 말씀드려야겠습니다.

그 동안 숨겨왔던 세자마마의 본명은…

'이도'시옵니다.

바로, 세.종.대.왕.

!

에비! 지금 시간이 몇 시인데 아직 안 자고 놀고 있어?

어린이는 일찍 자야 키가 크지.

그러니까 네 키가 콩알만 한 거야!

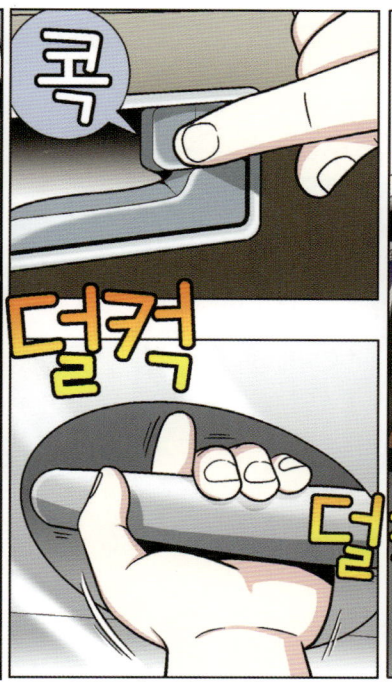

어서 차문을 열고 우리 집 장독을 주시지요. 있는 거 다 아니까!

싫다면?

메롱~

메롱~

우리 장독이
맞죠?

아…, 네.

애한테
존댓말이 뭐야?

모…, 몰라.
나도 모르게
그렇게 나오네.

찾았다~ ♬

콰ㅏ

헤롱

헤롱

아아아…

애 누구야?
문은 또 왜
이래?

쿵ㅡ

가앙~,
이제 왔어요,
리가 얼마나
너웠다고요!

화장실 문이
다 잠겨있더라고…
항아리 산다는
녀석한테 연락은 왔어?

온다고 하면서
자꾸 늦어요.

에잇,
안 되겠다!

우선 이 자리부터
뜨자. 언제 경찰이
올 지 모르겠어.

옙. 대장.

어린 생각시에게
손찌검까지
하다니. 천하의
나쁜 도둑놈들!

나는 조선 최고의
천하장사이며
내궁위장님이시다.

목숨만은 살리고
싶다면 어서 나와
내 오라를 받아라!

쩌렁

쩌렁

교장!

재는 왜 저기 누워 있죠?

내가 어떻게 알아?

창문 닫자. 들키겠어.

안타깝군. 장독만 우리 손에 들어오면 다 끝나는데.

흥, 하지만 기회는 오늘만 있는 게 아니니까.

너희들은
나를 따라오거라.
도망쳤다간
어찌 되는지
알 것이다.

예.

쯔쯔쯧.

내가 뒤늦게
상궁에게 전화를
받아 네가 고생이
많았구나.

도망칠까?

졸 졸 졸

걱정하지 말거라.
내 궁에 돌아가거든
너에게 큰 상을
내리도록 하마.

시…, 싫어요.
저 아저씨 너무
무서워요.

나도.

아하~!
알았다.

내가 요즘 성적이
떨어져서 그런
얘기를 하신 거구나.

세종대왕께서 공부
못하는 건 말이 안 되잖아.
그러니까 공부 좀 더
하라고 자극을 주신 거야.

휙

휙

요리조리 과학 이야기

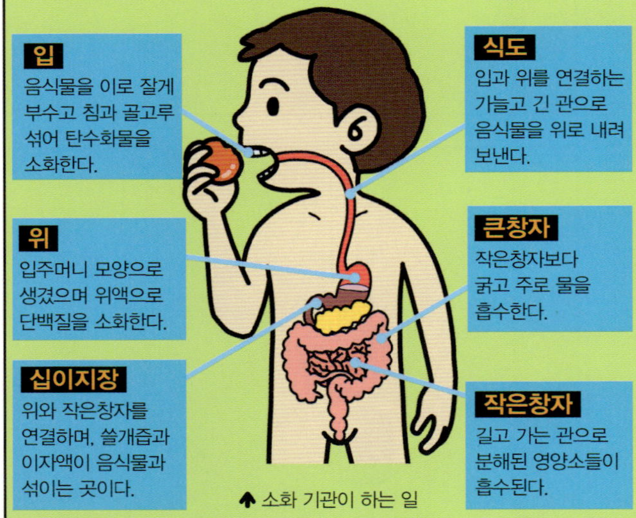

입
음식물을 이로 잘게 부수고 침과 골고루 섞어 탄수화물을 소화한다.

위
입주머니 모양으로 생겼으며 위액으로 단백질을 소화한다.

십이지장
위와 작은창자를 연결하며, 쓸개즙과 이자액이 음식물과 섞이는 곳이다.

식도
입과 위를 연결하는 가늘고 긴 관으로 음식물을 위로 내려 보낸다.

큰창자
작은창자보다 굵고 주로 물을 흡수한다.

작은창자
길고 가는 관으로 분해된 영양소들이 흡수된다.

↑ 소화 기관이 하는 일

밥보다 죽이 소화가 잘되는 이유는?

우리는 입 속에 들어온 음식물을 이로 씹어 잘게 부순다. 씹은 음식물은 삼키기 쉽고 소화효소가 소화도 더 잘한다.

같은 무게라도 하나의 덩어리보다는 작은 알갱이일 때 표면적이 더 커지기 때문에 이로 잘 씹을수록 소화효소의 작용 표면적도 넓어져 소화가 잘 되는 것이다.

작은 알갱이로 이뤄진 죽은 같은 양의 밥보다 표면적이 크기 때문에 소화효소와의 반응이 더 빨리 일어나고 소화가 더 잘된다.

각설탕과 가루설탕 중에 가루설탕이 더 빨리 녹는 이유도 같은 원리다.

우아~! 역시 우리 할머니 대단해요.

쳇!

쉽게 믿지는 못하시겠지.

공부 좀 열심히 해라. 이번 성적이 너무 많이 떨어졌어.

넵, 대장님. 분부대로 열심히 하겠습니다!

떡

고얀 것.

대답은 척척 잘하지.

슬떡

우리 세자마마, 반드시 어진 성군이 되실 겁니다.

표면적~, 표면적♬ 빨리 돼라 맛있는 죽.

우리 할머니가 좋아하시는 전복도 넣었지요.

휙

휙

정혜정 선생님의 요리 교실

추석이 되면 오랜만에 만난 가족 친척들과 맛있는 음식도 많이 먹게 됩니다. 요즘은 조금 덜한 편이지만, 명절 때 음식을 너무 많이 해서 명절이 끝나고 나면 남은 음식이 처치곤란한 경우가 종종 있어요. 추석 때 먹다 남은 송편과 부침개도 냉장고 가득 쌓여 있고요. 그럴 때 남은 음식을 재활용해서 맛있게 해 먹을 수 있는 요리가 있어요. 함께 만나 볼까요?

새콤달콤, 추석 송편으로 떡볶이 만들기

❶

❷

❸

❹

❺

❻

재료 추석 때 먹고 남은 송편, 가래떡, 부침개, 피망, 양파, 케첩 한 큰 술, 고추장 한 큰 술, 설탕 반 큰 술

❶ 송편과 가래떡, 부침개를 먹기 좋은 크기로 잘라 놓는다.
❷ 피망과 양파도 가로, 세로 2㎝씩 깍뚝썰기한다.
❸ 케첩과 고추장, 설탕을 '2 : 2 : 1'의 비율로 섞어서 소스를 만든다.
❹ 팬에 기름을 두르고 채소를 넣어 볶는다.
❺ 채소가 익으면 떡을 넣고 볶는다. 그 위에 소스를 뿌리고 좀 더 볶는다.
❻ 새콤달콤한 송편 떡볶이 완성!

잠깐!

▶ 부침개는 다양한 종류를 섞어 넣어도 좋아요. 송편이 너무 굳었을 때는 미리 살짝 쪄 놓으세요. 일반 떡볶이 양념을 이용해도 좋고, 떡 위에 치즈를 살짝 뿌려도 좋답니다.

추석 과일,
빨리 먹는 게 좋다

추석이 빠른 해에는 과일이 채 익기도 전에 추석을 맞는다. 9월 중순이면 겨우 풋사과가 열리는 시기다. 배도 원래 10월 초에 수확한다. 그런데 어떻게 추석 상에 크고 먹음직스러운 과일을 올릴 수 있는 걸까? 추석 대목에 맞춰 과일을 내놓기 위해 농가에서는 '지베렐린'이라는 성장촉진제를 뿌린다. 지베렐린을 뿌리면 사과와 배가 빨리 익고, 세포수가 늘어나 부피도 커진다. 하지만 빨리 익은 만큼 빨리 물러진다. 추석이 끝나면 금세 푸석푸석해지고 맛도 없어지기 때문에 오래 놔두지 말고 빨리 먹는 게 좋다.

붉고 때깔 좋은 사과,
진짜 맛있을까?

추석 때 부모님과 함께 과일을 골라 본 경험이 있는 친구들은 금방 알 수 있을 것이다. 대부분 사람들은 표면이 온전히 붉은 사과를 좋아한다. 조금이라도 노란색이나 푸른색이 남아있는 사과는 맛이 떨어질 거라고 생각한다. 사람들의 이런 시선 때문에 농가에서는 사과에 착색제를 뿌리고 과수원 바닥에 햇빛 반사판을 깔아 사과 아랫부분까지 붉은 색으로 만든다. 이럴 경우 사과가 제대로 익었는지 판단하기 어렵다. 조금이라도 '맛있어 보이는' 사과를 고르려는 욕심 때문에 정작 '맛있는' 사과를 못 먹게 되는 건 아닐까.

내 지금 심정으로는 당장 너희들의 목을…!

어린이들 만화에서 무슨 그런 말씀을 하세요?

심하다! 우우!

앗! 나의 실수!

탁!

이 녀석들…, 만만치 않은데…?

어떡해야 뒤에서 조종한 진짜 범인을 알 수 있지?

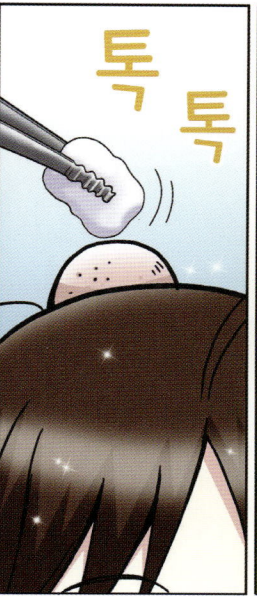

톡 톡

다 됐다~!

다시는 그런 무모한 짓 하지 마.

범죄를 당하면 112에 신고하면 돼.

범죄 신고는 112! 알겠사옵니다.

할머니는 좀 어떠셔요?

드르렁
드르렁

지금은 많이 안정되셨어.

어딜 다치신 건 아니고 장독이 없어진 충격에 기절하신 거래.

다행이옵니다. 한때는 정말 어떻게 되는 줄만…

꼴르륵

앗!

하하! 배 많이 고프지? 너무 부끄러워 하지 마.

네. 조금…

우리 점심부터 아무것도 안 먹었잖아~

좋아, 내가 한턱 쏠게! 치킨 시켜 먹자!

치킨?

이것이 치킨이옵니까?

그럼 진즉에 닭튀김이라고 하시지 않고…

헤헤! 일단 먹어 봐~ 여태까지 먹어 온 닭이랑 다를걸?

노예라면 노비를 말씀하시는 건가요?

얼마 전에 나도 티비에서 봤는데, 옛날 미국에 흑인 노예제도가 있을 때 일이야.

그래. 하지만 '계급'은 있었어.

프라이드치킨도 계급 차별에서 태어난 음식이지.

저런 나쁜…!

응. 18세기 미국 남부 지역에는 큰 농장이 많았는데, 아프리카에서 흑인들을 강제로 잡아 와 노예로 부려 먹었어.

농장 주인인 백인들은 살이 많은 닭의 몸통과 다리만 오븐에 구워서 로스트 치킨을 해 먹고 날개나 발, 목 같은 부분은 내다 버렸대.

엄마, 닭발은 맛없어서 싫어…!

이거라도 먹어야지 살 수 있단다.

그러면 주방 노예들이 그걸 집으로 가져갔어. 하지만 조리하기 힘든 데다 억지로 구워낸들 바싹 말라 먹기도 힘든 부위였지.

그래서 생각해 낸 게 기름을 듬뿍 넣고 강하게 튀겨 내는 '딥 프라이'라는 방법이야.

Deep Fry

엄마~! 닭날개가 정말 부드럽고 고소해요!

그래, 그래. 많이 먹어라, 우리 아들. 그래야 내일도 힘내서 일하지.

아니! 이 고소한 냄새는 뭐야?

쾅

노예 주제에 뭘 훔쳐 먹는 게냐!

그런데 이게 진짜 맛있어서 백인들에게 알려지고 전 세계로도 퍼졌지.

허, 참…. 웃을 수도 울 수도 없는 이야기네요….

이야기는 여기서 끝이 아냐.

1865년, 300여 년간 이어졌던 노예제도가 사라졌지만 흑인들의 삶은 나아지지 않았어.

미국에서는
1960~70년대부터
인종 간 질병 변화가
나타나기 시작했어.

부유한 백인의 질병이었던
비만이 상대적으로 가난한
흑인이나 남아메리카인으로
옮겨갔지. 지금 미국 내 가장
빈곤한 주로 꼽히는
미시시피 주의 수치는 이래.

성인 비만율 1위(34.9%)
-2011년 미국 질병관리본부

아동 비만율 1위(44%)
-2011년 3월 Health Affairs

자료출처: EBS 지식채널e

모든 백성들이 평등하게, 골고루 잘 살 수 있는 나라를 만들고 싶어.

비록 프라이드치킨의 역사만 보고 느낀 거지만,

세종대왕이 왜 한문을 모르는 백성들도 쉽게 글을 읽고 쓸 수 있도록 훈민정음을 만들었는지, 조금은 알 것 같아.

세 종 대 왕

응?

성은이
망극하옵니다,
마마!

넙 죽

야! 너까
왜 그래?

마마께서는 반드시
역사에 길이 남을 성군이
되실 것이옵니다.

참나~. 오늘은
정말 이상한
날이구만.

내가 한턱 쐈으니까
설거지는 네가 해라~.

물론입지요, 마마.

아, 맞다~! 할머니
일찍 주무시는 찬스!

게임해야지~!
시험 공부는
내일부터~.

으으…. 감동받은 지
30초도 안 됐는데…!

또각

또각

아!

이게 말씀하셨던 조리 기계군요.

훗! '레오나르도' 라고 불러.

치이익

어떤 음식의 소스든 30초 이내에 똑같이 만들 수 있다.

아…, 악마의 소스도…?

치익

치이

그건 여기 있지.

조금 줄까?

빨리 주세요! 넣기만 하면 모든 음식이 맛있어 진다면서요!

저도 그걸로 조리대회에 우승해서 유명해지고 싶다고요!

후훗! 줄 테니 너무 보채지 마라.

그런데 그 전에 할 일이 있잖아?

걱정 말라니까요.

이 방법까지는 안 쓰려고 했는데…, 어쩔 수 없죠.

청이가 할머니 집에서 나와 당신 조수로 들어오게만 하면 되죠?

그래. 아주 쉽지. 사실 악마의 소스는 아직 미완성이다.

마지막 연구를 위해서는 청이의 절대 후각이 필요해!

똑 똑

오케이! 거래 성립이에요!

나도 청이가 너무 싫어서 쫓아내고 싶거든요~!

누구세…, 어머?

가…, 가연 선배님!

자…, 잠깐 청이한테 지우개 빌리러 온 거예요!

바…, 바로 제 방으로 돌아가겠습니다!

허둥

지둥

안 그래도 돼.

잠깐 들어가도 되니?

그 동안 너희들에게 너무 못 되게 군 것 같아!

미안해! 정말 미안해! 내 사과를 받아 줄래?

흑흑흑

히익

우선
들어오세요~.

또 무슨
꿍꿍일까?

흑 흑

눈치
코치

에이 설마….

그래도
조심해야 해!

유자차네.
난 레몬차가 더
좋은데….

유자차는
맛이 좀
텁텁해서….

어머, 미안. 어쩐지
이 차는 덜 텁텁하더라
니, 호호호!

우리 아빠가
농장에서 직접
만드신 거예요.

청이는 예쁘고
요리도 잘하고
명랑하잖아.

그래서
친구도 많지.

사실…, 청이가 오고
나서 질투가 났어.

제가요?
아닌데~.

아니야. 아이들은
모두 널 좋아해.

……

난 운이 좋은
편이야.

어릴 때부터 아무
부족함 없이 자랐어.
원하는 건
모두 가질 수 있었고.

주변 사람들이 모두
친절하게 대해 주니까
그걸 당연하게
생각했던 거야.

하지만 어쩌면
난…, 나쁜
앤지도 몰라.

비뚤어지고
못된 아이인데
그저 운이 좋아서,

아무도 그
사실을 눈치채지
못하는 걸 수도….
나조차도 말이야.

그런 얘기를 왜
우리한테 하는
거예요?

찌
릿

윽~!

청이가 오고 나서 친구들이 점점 내 곁을 떠나고 있어.

진심으로 사과하러 왔어. 이제 우리 친하게 지내 보자!

그래서 곰곰이 생각해보니 모두 내 잘못이었다는 걸 깨닫게 됐지.

……

딸꾹

……

네! 좋아요, 언니!

우리 이제 친하게 지내요~!

너, 정말
쿨하구나!

후훗~!

고마워~!
고마워, 청이야!

어머머~,
선배 울지
마세요.

청이야, 무슨
사과를 그렇게 쉽게
받아 주니? 우리가
당했던 걸
생각해 봐.

괜찮아!
진심이라고
하잖아.

어떻게 믿어?

쉽게 믿기는
힘들겠지. 그럼 내가
증명해 줄게.

앗

우리들을
따라왔어

반
짝

반
짝

반
짝

예쁘다~!

우아아~!

선물이야, 청이야! 이 옷 너 가져.

아…, 안 됩니다. 이런 좋은 선물을 받을 수 없어요

왜? 엄마한테 혼날까 봐? 엄마하고는 아주 멀리 떨어져 있다면서~.

그게 아니라…. 전 궁에서 가장 낮은 일을 하는 생각시랍니다.

아니야, 그렇지
않아! 모든
여자는 공주야!

공주처럼 예쁘게
꾸미는 것은
여자들의 권리라고!

이런 예쁜 옷은
사대부 아씨나 궁의
공주님들이 입는
옷이옵니다.

저 같이
천한 것은…

모든 여자는
공주라고?

지금은 조선 시대가 아니야.
여기서는 뭐든지 될 수 있어.

저…,
정말이옵니까?

그럼~! 네가
믿기만 한다면.

어서 가서 입어 봐~!

두근 두근

할 수 있어, 청이야~!
언제까지 생각시로
살 거니?

꽈악

좌아아

FITTING ROOM

저…, 언니.
제 건 없나요?

기다려 봐.
청이 끝나고.

꺄악~!
정말요?

꼭꼭

잘 돼 가고 있나?

약속대로 악마의
소스나 준비하세요!
지금 아주 죽겠거든요.

우리가 먹는 음식도 패션만큼이나 색이 중요하대요.

식품들은 색마다 갖고 있는 영양소가 다르니까요.

빨간색 고추, 초록색 시금치, 노란색 바나나…

매일매일 무심코 먹는 음식 속에 마술 같은 색의 비밀이 숨겨져 있는 거란다.

정확하구나!

음식에 들어 있는 색은 단지 보기 좋기만 한 것은 아니란다.

식물이나 동물이 가진 천연색소는 자외선, 박테리아, 곰팡이, 세균 등 외부환경으로부터 스스로를 지키는 과정에서 만들어지지.

또 태양빛이 강할수록 짙은 색을 띠게 된단다. 세균을 막기 위해 몸에 더 강한 독을 지니는 것처럼 말이다.

따라서 다양한 색을 가진 음식들을 골고루 먹는 게 좋다고 해요.

음식 속의 화학 성분이 몸이 늙는 것을 막아 주고 암에 걸릴 위험도 줄여 주니까요.

그런데 그게 지금 청이하고 무슨 상관이에요?

잘 듣거라, 청아! 한 번 생각시는 죽을 때까지 생각시다!

궁에 들어온 이상 네가 원하든 원치 않든 운명은 그대로야!

가지는 가지색이고 호박은 호박색일 때 가장 좋은 거다!

어디서 허풍이 들어 가지고 그런 옷을 입어?

호박에 줄 긋는다고 수박이 되는 줄 아느냐?

......

할머니, 그만하세요. 청이도 여자라고요!

예쁜 옷 한 번 입고 싶어서 그럴 수도 있잖아요!

그 한 번이 결국 큰일로 이어지는 게야!

어서 옷 갈아입고 나와! 네가 혼이 좀 나야 되겠구나!

......

정혜정 선생님의 요리 교실

간식하면 빼놓을 수 없는 치킨! 바삭바삭한 껍질과 부드러운 속살에 맛도 으뜸이지만, 많이 먹으면 건강에는 좋지 않아요. 칼로리는 높고 트랜스 지방이 많이 들어있기 때문이죠. 특히 키도 쑥쑥, 건강하게 자라야할 성장기 독자들에게는 치명적이라는 사실! 그렇다고 맛있는 치킨을 포기할 수는 없겠죠. 닭을 기름에 튀기지 않고 오븐에 구우면 맛있으면서도 건강에 좋은 치킨을 먹을 수 있답니다. 다 같이 만들어볼까요~.

맛도 좋고 건강에도 좋은 로스트 허브치킨 만들기

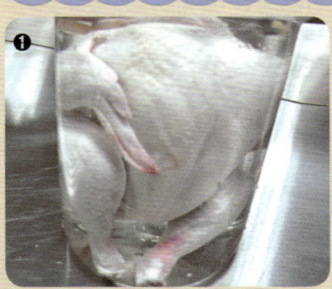

재료 닭 한 마리, 머스터드소스, 꿀, 타임, 바질, 로즈마리, 소금 등

❶ 닭은 내장을 제거하고 깨끗하게 손질해 소금물에 1~6시간 정도 담가둔다.
❷ 소금물에서 꺼낸 닭 안에 준비된 허브를 넣는다.
❸ 오븐 온도를 170℃로 맞추고 1시간 동안 굽는다.
❹ 머스터드, 꿀, 허브를 '1:1:0.5'의 비율로 섞어 소스를 만든다.
❺ 구워진 닭에 준비한 소스를 골고루 발라준다.
❻ 소스를 바른 닭을 250℃ 오븐에서 5~10분간 더 구우면 노릇노릇한 로스트 허브치킨 완성!

잠깐!

▶ 마트에 파는 허니 머스터드 소스를 그대로 사용해도 좋아요. 완성된 치킨에 준비한 소스를 찍어 먹으면 더 맛있답니다. 요리할 때 닭을 한 입 크기로 자르면 먹기에도 편하고 더 빨리 조리할 수 있어요.

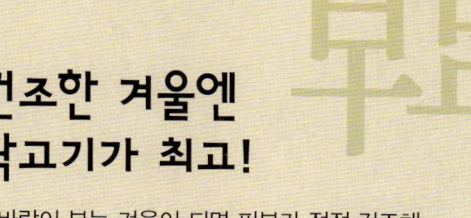

닭고기, 소금물 하나면 부드러워진다

치킨을 요리할 때 가장 먼저 해야 할 일은 깨끗이 씻은 닭을 소금물에 담가 놓는 '염지'과정. 이 과정을 거친 뒤 요리를 하면 훨씬 부드러운 닭고기를 즐길 수 있다. 닭고기는 돼지고기, 소고기보다 더 많은 단백질이 들어 있다. 그런데 닭고기를 소금물에 담그면 '삼투압' 원리에 따라 농도가 높은 소금물에서 농도가 낮은 닭고기 쪽으로 물이 이동한다. 이 때 물과 함께 들어온 소금이 고기 조직을 말랑말랑하게 해 준다. 따라서 질기지 않고 부드러운 닭고기를 먹을 수 있는 것이다.

건조한 겨울엔 닭고기가 최고!

찬바람이 부는 겨울이 되면 피부가 점점 건조해진다. 러시아에서 춥고 건조한 '시베리아 기단'이 내려오기 때문이다. 또 날씨가 추워질수록 히터나 온풍기를 사용해 피부 건조증은 더 심해진다. 이럴 때 도움이 되는 음식이 바로 닭고기다. 닭고기에는 콜라겐이 많이 들어있어 피부에 좋다고 알려져 있다. 콜라겐은 피부의 90% 이상을 차지하고 있어, 부족하면 탄력을 잃고 주름이 쉽게 생긴다. 따라서 콜라겐이 풍부한 닭고기를 충분히 먹으면 건조한 겨울철에도 탱탱한 피부를 유지할 수 있다.

제6화

청이가 몰랐던 것

일어나서
종아리를
걷어라!

뭐 하고 있느냐.
종아리
걷으라는데…!

할머니!
왜 그러세요?

……

꼬물

꼬물

한울이, 이 녀석!
너는 나가 있어!

뻥

탁
탁

깍!

궁의 법도를 아는
녀석이 비싼 옷을
넙죽 받아오느냐!

너는 궁녀가 될
자격이 없다!

잘못했사옵니다…

찰싹   찰싹

찰싹

우아아앙~,
할머니!
차라리 저를
때려 주세요~!

제 가슴이
찢어지는 것
같아요!

고얀 것~!
당분간 너에게
음식 만드는 법은
가르쳐 주지 않겠다.

내일 아침부터
청소나 하거라.

예….

이 녀석, 넌 왜
여기 서 있는 게냐.

이리 와
저녁이나 먹자.

싫어요!
안 먹을래요!

할머니,
미워!

끼
이
익

청아, 많이 아프지?
내가 미안해.
약 발라 줄게.

그나저나
다리가
어딨…

꼼
지락

꼼지락

흭

!

으아악!

쿵

!

꽥

음냐…, 음냐….

아니, 네가 왜 이 방에서 자고 있느냐?

자…, 자는 거 아니거든요….

바르르

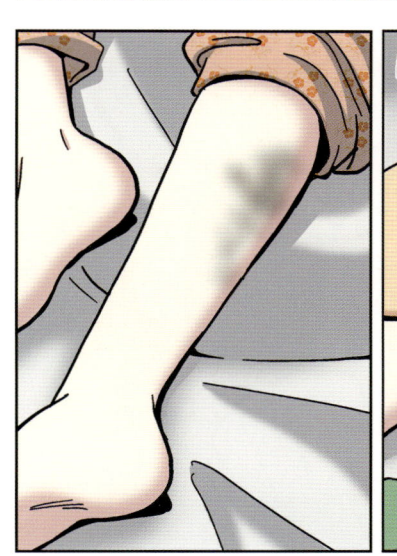

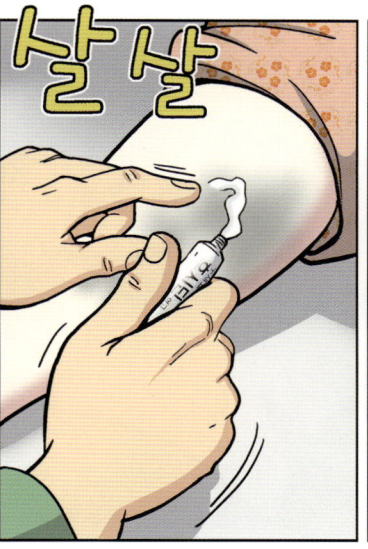

살 살

저 오늘 할머니한테 완전 실망했어요!

그만 하거라. 나도 마음이 아프단다.

청이는 다시 궁으로 돌아가야 하는 아이란다.

생각시는 네가 아는 것보다 몇십 배 아니, 몇백 배는 힘든 일이야.

이곳에서 몸도 마음도 약해지면 앞으로 궁중 생활은 더 힘들어지지.

특히 청이가 꿈꾸는 최고상궁이 되려면 작은 유혹에도 흔들리지 않는 강한 마음이 필요하단다. 그래서 일부러 더 크게 혼낸 게지.

……

꼬옥

월요일.

옷가방 이리 줘!

네?

내가 가연이한테 돌려줄게.

직접 얘기하기 어렵잖아~.

아…, 예.

어머, 왜 자꾸 제 얼굴만 쳐다보시옵니까? 뭐 묻었나요?

귀여워서~!

버럭

어머머, 아침 잘 드시고 실성하셨나!

이 양반이!

히

진짜야!
너 이 옷 입었을 때
완전 귀여웠어.
조금만 기다려. 지금 용돈 열심히
모으고 있으니까 내가 더
예쁜 옷으로 사 줄게!
나 먼저 간다~!
오후 실습시간에 보자!
아이들세상
국제조리영재학
풋~
뽁
뽁
소녀가 좀
귀엽기는 하옵니다.
조선 최고의
귀요미!
일 더하기 일은
귀요미!
청이 더하기
청이도 귀요미!

청이다~!
안녕~!

안녕!

모두 안녕들
하셨는가?

안녕,
청이야~.

하이~,
안녕.

그런데
훈장님이 아직
안오셨네?

회의 때문에
조금 늦으신대.

그래서 1교시는
이 주제를 가지고
자습하라고 하셨어.

물질의 세 가지 상태 설명
1. 김과 수증기의 차이를 찾아 요약할 것

저기…, 윤주야….

응, 왜?

이게…,
뭐라고 써 있는 거야?

뭐?

명심보감을 8살 때 공부했다는 애가 어떻게 한글을 모를 수 있니?

그게 말이 돼?

저기 그게…

내가 살던 시대에는 한글, 그러니까 훈민정음이 아직 없었어.

헉! 뭐라고?

그럼 대체 너 나이가 몇 살인 거야?

우리 집에 있는 골동품 도자기보다 더 늙었어!

도자기하고 비교하니까 기분이 좀 그렇다…

나 한글 좀 가르쳐 줘.

알겠어. 우선 이번 숙제는 내 거 보고 따라 그려.

어흠

한글은 내가 가르쳐 주마. 수업 끝나고 오거라.

쓰윽

앗, 교장선생님!

김과 수증기

탁탁

다들 열심히 자습 했겠지?

자, 누가 얘기해 볼까?

김과 수증

탁

청이가 해 보겠니?

어…, 어…, 김과 수증기는….

같은 것 같으면서 조금 다른데요. 음….

수증기는 끓어서 기체가 된 상태의 물이옵니다!

팟

물질의 세가지 상태 설명

1. 김과 수증기의 차이를 찾아 요약할 것

그리고 끓는 주전자 밖으로 나오는 게 김이고요.

즉 물이 끓으면 수증기가 되고, 수증기가 주전자 밖의 낮은 온도와 만나 물방울로 변해 김이 되지요.

수증기의 용도는
아주 다양합니다.
찜 요리가 대표적이지요.

찜 요리는 조리 과정에서
기름기가 쏙 빠지고,
양념을 많이 쓰지 않아 재료
고유의 맛을 느낄 수 있는
건강식이죠.

그림은 못
그리는데 설명은
참 잘하는구나~.

헤헤~!

과찬이시옵니다.

기역!

낫 놓고
기역자도
모른다.

기역!

낫 놓고
기역자도
모른다.

탁

교장실

기역에는 '고구마',
'거미', '가마', '가발'…

네가 살던
조선 시대에는
한문뿐이라고
했지?

예,
한문뿐이었습니다.

앗, 잠깐만!

그렇다면 네가
장독에 들어간
게 언제냐?

무자년
보름밤
이었습니다.

무자…. 1409년.
태종 때였구나!

무슨
소린지….

호…, 혹시 그럼
아버님 존함은
어찌 되느냐?

제 아버님은
왜…?

빨리!

본관은 청송 심씨,
함자는 온자를
쓰셔서 '심온' 이옵니다.

이…, 이런!

두ㄹㄹㄹ

크흐흐흑…!

내금위장님,
왜 그러시옵니까?

흑 흑
팡

아…, 아니다.
갑자기 바람이
불어 눈에 먼지가
들어갔다.

오늘 공부는
이만하자!
흐흐흑!

♪

아이참,
이제 겨우
기역만
배웠는데….

그…, 그게 정말인가?
청이가 자네 딸인 것
같다고?

**장난이면 가만두지
않을 테다!**

수이이~

어쩐지 처음 볼 때부터 아이가 귀엽고
깜찍하고 총명한 게 남처럼 보이지
않는다고 하지 않았나~.

하하

어찌 이런 모진
인연이 있는가.

주르르

언제
그랬는데…?

이제
어떡해야 하나?

어떡하긴 뭘 어떡해!
청이에게 다 말해야지!
그동안 어린 것이 아비 없이
얼마나 힘들었겠어!

헤
헤

제가 말씀 안 드렸지요?
죄송하지만 제 아버님은 지금…

명나라에
가셨겠지?

미안하구나.
네 어미가 거짓을 말했다.
아니지, 내가 그렇게
하라고 시켰다.

명나라에
사신으로 떠나
10년 뒤에
돌아올 거라고…

네 어미는 궁의
기미상궁이었지만

큰일을 저질러
쫓겨나고 지금은
작은 어촌에서
살고 있지.

네 어미의
이름은…!

!

터
벅

터
벅

이름은?

맞사옵니다.

그런데
내금위장님이어도
어찌 제 어머니의 이름을
아신단 말입니까?

아니옵니다.
제 어머니는 절대
거짓말을 하실 분이
아니옵니다.

청이야, 릴렉~스.
진정하고 아빠
말씀 마저 들거라.

때는
10년 전이다.

평온한 저녁식사를 끝낸 궁에
아주 큰일이 벌어졌지.
식사를 한 모든 사람들이
혼절을 했다.

아, 그게 조선의궤인가 뭔가 훔쳐간 사건 때지?

도…, 독이었나?

독은 아니었네. 독이었다면 궁중의사들이 알아냈겠지.

현대에서 온 조리사 녀석이 사용이 금지된 식품 첨가물을 섞은 게 분명해.

그렇다고 독이 아닌데 기절까지 하나?

아하~! 같이 쓰면 안 되는 식품 첨가물을 같이 썼구나!

칵테일효과 맞지?

카…, 칵테일?

섞는다는 뜻이란다.

'칵테일 효과'란 두 가지 이상의 화합물을 함께 썼을 때 예상치 못한 어떤 유해성이 나타나는 현상을 말하지.

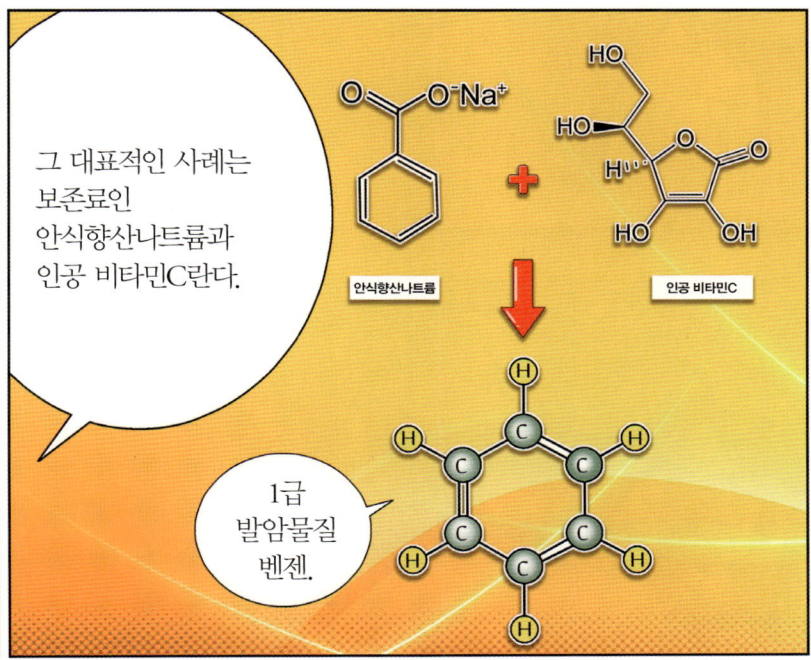

그 대표적인 사례는 보존료인 안식향산나트륨과 인공 비타민C란다.

안식향산나트륨

인공 비타민C

1급 발암물질 벤젠.

세상에…, 그렇게 무서운 것이 다 있군요.

그래서 드링크제는 비타민C와 절대 같이 먹지 말아야하며

비타민C가 많이 함유된 과일도 함께 먹으면 절대 안된다!

요리조리 과학 이야기

학교 앞에서 파는 어린이 간식 100개 중

캔디, 과자 등 73개에서 타르색소 검출

껌 3개에서 사용 금지된 '적색 102'호 검출

어린이들이 좋아하는 음식물의 타르색소 사용 현황

단독 27%

2개 23%

3개 23%

4개 26%

초등학교 앞 그린푸드존에서 판매되는 식품 100개 중 73개에서 타르색소가 함유돼 있다는 사실이 확인됐다. '그린푸드존'은 어린이 식생활 안전 환경 조성을 위해 학교를 중심으로 200m 범위 안의 구역으로 정부가 관리하고 있는 곳이다.

타르색소는 난방에 사용하는 석탄의 한 종류인 '콜타르'에서 나오는 물질들을 합성한 물질이다.
이 물질의 분자 구조에 따라 다양한 색을 나타낼 수 있어 다른 물질의 색을 입히는 역할을 하는데 그 중에서도 사탕, 음료수, 껌 등 어린이들이 즐겨 먹는 간식에 사용되고 있는 것이다.

그러나 이 색소를 많이 섭취하거나 다른 물질과 섞어서 먹을 경우 몸에 해로울 수 있다는 '칵테일 효과'에 대한 연구가 발표되고 있다.

영국 식품기준청과 사우스햄프턴 대학교 연구팀은 안식향산 나트륨과 타르색소를 혼합한 음료를 많이 마시는 어린이일수록 '주의력결핍 과잉행동장애(ADHD)'가 나타날 확률이 높다는 연구결과를 지난 2004년 발표했다.

또 최근 식품의약품안전처는 타르색소를 2개 이상 섞어서 사용할 경우 뇌신경계에 나쁜 영향을 미쳐, 뇌졸중, 발작, 뇌 상해 등 치명적인 뇌신경 질환을 일으킨다는 사실을 밝혀냈다.

이보게, 나도 말 좀 하지!

호호호~, 끝났어. 계속해!

마침 심한 고뿔에 걸려서 맛을 느끼지 못했네.

오호~, 감기!

콜록

콜록

콜록

아차, 미안한데 한 가지 더!

청이 엄마가 기미상궁 아니었나? 그땐 뭘 하고 있었어?

그러나 고뿔에 걸렸다 해도 벌어진 일에 책임을 피할 수는 없었지.

죽을 죄를 졌나이다, 마마.

궁중 음식 맛을 보는 것이 너의 역할인 것을!

당장 지위를 빼앗고 관노로 보내거라!

이렇게 아름다운 여인이…

박구례

어서 도망치게!
자네가 무슨 죄가 있는가!

흑

어서
가래도!

멀리~,
멀리!

……

제가 도망치면
내금위장님은
어쩌시옵니까?

크흐흑~,
이 사람…:

이렇게
마음이
착해서는…:

같이
갑시다!

꺅~♥

두근

영화에서
많이 본 것
같긴 한데…

그렇게 네 엄마와 나는
2년을 함께 숨어 살았다.
그리고 네가 생겼지.

그렇지만 그 행복은
오래 가지 못하고
고을 사또에게 들켜
다시 궁으로 잡혀왔다.

이놈!
내금위장!

내가 너를
그렇게 아꼈거늘!
관노와 도망을 가?

죽여 주시옵소서,
전하. 다 제가
꾸민 일입니다.

제 처는 잘못이
없사옵니다.
그리고 뱃속에는
아이가 있습니다.

고얀!

좋다. 그럼
너에게 한 번 더
기회를 주마.

그날 음식을 먹고 난 뒤
어른들은 괜찮았지만
세자의 몸에 생긴 피부병이
낫지를 않는구나.

저기 장독이
보이느냐?

저 장독이 오묘하여 개기일식이 일어나는 밤에는 미래로 가는 길이 열린다.

그러니 네가 세자를 의학이 발달된 미래로 데려가 피부병을 치료하고

사라진 조선의 의궤를 찾아 오거라!

응애

응애

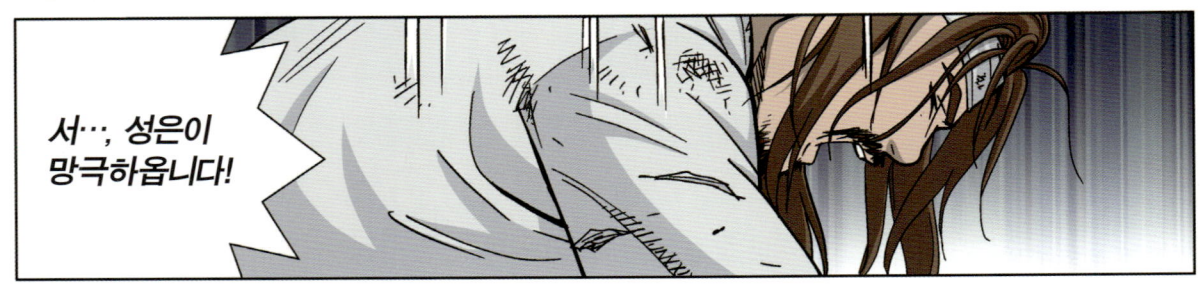

서…; 성은이 망극하옵니다!

끄덕

그래, 세자마마가 처음 오실 때 아토피가 심하셨지. 지금은 많이 좋아지셨어.

그래서 내가 그렇게 인스턴트 음식을 못 먹게 하는 거야!

여보, 다녀오리다.

몸조심 하시어요.

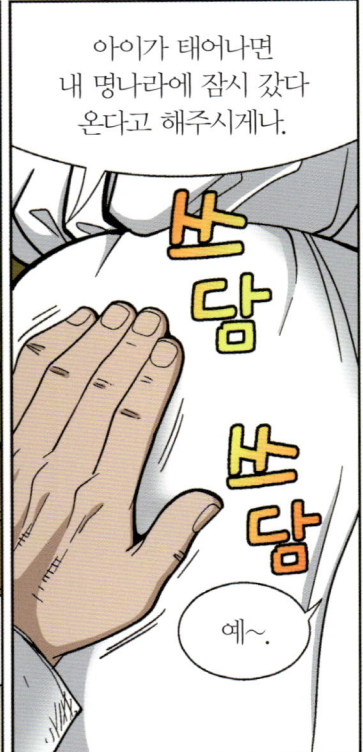

아이가 태어나면 내 명나라에 잠시 갔다 온다고 해주시게나.

쏘담

쏘담

예~.

아차, 그리고!

주상전하께서 힘내서 다녀오라고 금강산에서 나온 100년 묵은 산삼을 주셨소.

아이 낳고 나서 드시오.

옥신

각신

아니어요. 서방님 드셔요~.

아니오. 당신 드시오.

아닙니다.

띠리!

그걸 네가 먹었구나!

료루류르리

무안미뷰

수슈스시

요우유

하여간 부모의 마음이란 좋은 건 다 자식에게 주고 싶지.

청아, 어서 가서 아빠한테 안기거라!

뿌삑

뿌삑

와락

아버님!

내 딸 청아!

정혜정 선생님의
요리 교실

쌀쌀한 겨울이 되면 옷이 두꺼워지면서 자연스레 다이어트에 대한 긴장감이 풀어지게 되지요. 떡볶이, 군고구마, 호떡 등 맛있는 겨울 간식이 속속 등장하면서 식욕도 왕성해지고요. 하지만 이대로 겨울 간식의 유혹에 넘어갈 순 없죠! 추운 겨울, 임금님도 즐겨 드셨던 '토종닭 찜'을 먹고 따뜻하고 건강한 겨울을 맞이하는 건 어떨까요? 그럼 다 함께 만들어 봐요~.

임금님도 즐겨 드셨던 건강식, 토종닭 찜 만들기

재료 닭 1마리, 말린 표고버섯 2개, 당근 20g, 알 감자 2개, 수삼 1뿌리, 양파 1/2개, 달걀 등

❶ 닭은 손질하여 알맞은 크기로 잘라 끓는 물에 살짝 데친다.

❷ 당근, 알 감자, 수삼, 양파를 알맞은 크기로 자른다.

❸ 말린 표고버섯은 뜨거운 물에 미리 불려놓고, 달걀은 흰자와 노른자를 분리해 지단으로 부친다.

❹ 간장 60㎖, 설탕 15g, 청주 15g, 참기름 1티스푼, 말린 고추와 후춧가루를 조금 넣어 양념을 만든다.

❺ 데쳐낸 닭에 감자, 당근과 준비한 양념장 반을 넣고 중불로 10분간 졸여준다.

❻ 남은 야채와 양념장을 함께 넣고 20분 정도 더 졸인 뒤 달걀지단을 고명으로 올려 주면 완성~!

잠깐! ▶ 닭을 끓는 물에 한번 데치면 기름기를 제거할 수 있어요. 야채를 넣을 땐 단단한 뿌리채소를 먼저 넣고 무른 잎채소는 나중에 넣어 익혀 주는 것이 좋답니다.

찜 요리할 땐
뚜껑 열지 마세요!

찜 요리는 수증기의 잠열을 이용한 조리 방법이다. 물이 끓어 기체 상태인 수증기가 되고 수증기는 찜통 안에 가득 차 미세한 물방울인 김으로 변한다. 이 때 수증기가 갖고 있던 열이 나와 찜통 안의 온도는 100℃까지 오르고 재료가 익는 것이다. 찜통 안은 항상 수증기로 가득 차 구이처럼 재료의 표면이 건조해지거나 눌어붙지 않는다. 하지만 조리과정 중간에 뚜껑을 열면 뜨거운 기체들이 차가운 공기와 만나 한꺼번에 물로 변하고, 재료를 완전히 적셔 재료 고유의 맛과 영양분이 빠져나갈 수 있다.

찜 요리, 이렇게 하면
더 맛있어요!

찜 요리는 조리 과정에서 기름기가 제거돼 칼로리는 낮으면서 재료 고유의 맛을 살릴 수 있어 다이어트 식단으로 인기다. 찜 요리를 할 때는 재료를 수증기가 가득 찬 뒤에 넣어야 모양이 퍼지는 것을 막고 물에 닿는 시간을 줄여 재료의 영양분이 빠져나가는 것을 방지할 수 있다. 생선이나 해산물을 찔 때는 대파, 깻잎, 호박잎을 밑에 깔면 비린내를 없앨 수 있다. 야채를 찌면 물이 생겨 쉽게 무를 수 있기 때문에 녹말가루나 찹쌀가루를 묻힌 뒤 찌면 쫄깃한 맛이 더해져 더 맛있게 먹을 수 있다.

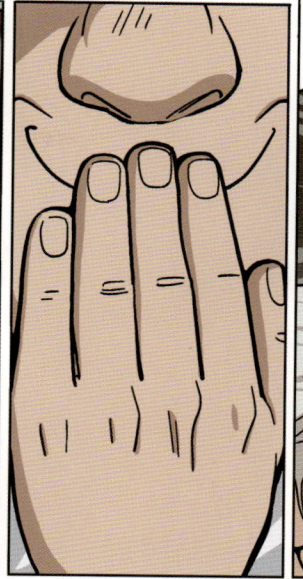

아주 팔불출이 따로 없구먼! 그리 좋은가?

쉿

조용히 해. 학교에서 청이와 내가 부녀관계 인 건 비밀이네.

히히히~!

귀여워라~, 우리 딸! 눈에 넣어도 아프지 않다는 게 이런 거였군.

키만 조금 더 크면 좋겠는데….

……

휴우

우리 세자마마가 조선 시대로 떠나 시면 나는 어찌 살꼬?

그때까지 몸이나 아프지 말아야 할 텐데….

할머니 나랑해~요 ♡

요리스타
코리아
Cooking star chef
in Korea

와 아

와

다시 만나서 반갑습니다.
시청자 여러분!
이영돈 PD입니다.
지금부터 요리스타 코리아
두 번째 본선 경연을
중계해 드리겠습니다.

웅성 웅성

1차 경연을 마쳤지만
아직 200여 명의 요리사
지망생들이 남았는데요.
벌써부터 열기가
뜨겁습니다!

앗,
뜨거워라!

하하하~!
기대되시죠?

저 아저씨,
정말 어색해.

와

와 아

일찍 왔네~!
아이, 숨 차!

앗, 언니!

여기는
어떻게? 언니는 참가
안 하시잖아요.

갑자기
나도 참가하게
됐어~!

오늘 아침 학교에서
성우 대신 대회에
나가라고 연락이 왔거든.
갑자기 배탈이 났나 봐.

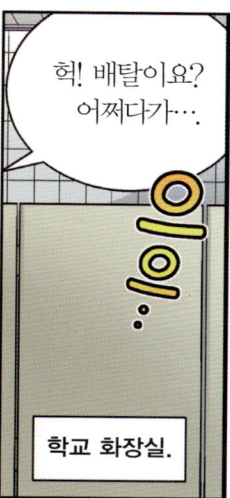

헉! 배탈이요?
어쩌다가…

으으…

학교 화장실.

쿠르르
쾅쾅

가연 선배가 준
요거트 말곤
먹은 게 없는데…,
이상하네.

성우한테도
좋은 기회인데
아깝네요.

그래도 요리 잘하는
가연 선배가 있어서
참 다행이에요.

어머머, 그렇게
생각해 주니
고마워~!

그런데 한울이는?

몰라요. 같이 왔는데 안 보여서 저희도 찾고 있었어요.

도련님, 여기서 혼자 뭐 하세요? 어서 시험 볼 준비를 하셔야 하는데…

윤주와 제가 밤새 수정과 만들 준비를 해왔사옵니다. 한번 들어 보시렵니까?

그 정도로는 안 돼!

와아아

한울 도련님~!

와아

……

발끈

예? 뭐라고요?

우리의 자랑스런 전통음료 수정과를 우습게 보시는 겁니까?

참나…, 기가 막혀서…

그런 뜻이 아니라….

저기 심사위원 아줌마 테이블을 봐 봐.

저건 분명 수비드 기계야!

달그락

달그락

SousVide
SUPREME™

수…, 수 뭐요?
다려 먹으면
비염과 천식에 좋은
수세미?

수세미.
설거지할 때
쓰는 수세미?

정말
수비드야?

타
닥

너무 멀어서
잘 안 보이는데….

옆에도 봐~!
진공 포장기도
있어.

앗,
진짜구나!

그렇다면….

이번 2차
본선의

주제는?

Molecular gastronomy

과학과 조리의 만남! '분자요리'야!

수세미는 뭐고, 분자요리는 또 무엇인고?

아이고, 어지러워라~. 오늘 왠지 불안한데…

저희는 분자요리가 뭔지 모르는데요.

너희가 아직 저학년이라 그래.

분자요리는 우리 학교에서도 5학년 2학기부터 나오는 고급 과정이거든.

분자요리는 기존 요리를 과학적으로 분석하고

재해석해 재료가 가진 최상의 맛을 내는 요리지.

분자요리를 하는 주방은 플라스크, 시험관, 주사기, 튜브 등 실험도구가 가득한 과학자들의 연구실 같아.

뽀글 뽀글

1980년대 후반, 프랑스 물리학자 에르베티스와 영국 옥스퍼드대학교의 물리학 교수 니콜라스 커티가

실험과 연구를 통해 새로운 장비와 요리법을 개발했지. 이 분자요리가 널리 알려지게 된 계기는….

분자요리 레스토랑인 '엘 불리'가 14년 동안 미슐랭가이드의 최고등급인 별 3개를 받았기 때문이야.

14년 연속? 우아~!

요리조리 과학 이야기

분자요리는 물리, 화학적인 지식을 이용해서 식재료의 형태와 질감을 전혀 다르게 바꾼 요리다. 식재료 자체의 성질을 다르게 하는 것이 아니라 상태를 바꾸는 것이 핵심이다. 예를 들어 식품의 점성을 높이는 알긴산나트륨과 두부 등을 굳힐 때 쓰는 염화칼슘의 화학반응을 이용하면 망고와 우유로 달걀프라이를 만들 수 있다.

망고와 염화칼슘을 섞어 곱게 간 액체를 알긴산나트륨을 녹인 물에 넣으면 달걀의 동그란 노른자 형태로 굳는다. 또 우유에 한천을 넣고 끓였다가 식히면 말랑말랑하게 굳으면서 흰자처럼 되는데 이 위에 망고 노른자를 얹으면 달걀 없는 달걀프라이가 만들어지는 것이다.

알긴산나트륨의 알긴산 이온이 염화칼슘의 칼슘이온과 만나면 말랑말랑한 알긴산칼슘 막을 만들기 때문에 액체 상태였던 망고 쥬스가 말랑말랑한 고체 상태로 변신한다. 마찬가지로 과일즙을 구슬 모양의 젤로 만들면 '애플 캐비어', '망고 캐비어' 같은 새로운 음식을 만들 수 있다.

미슐랭 가이드(Guide Michelin)

프랑스에서 발간되는 전 세계의 여행안내서로 여행할 때 필요한 식당, 호텔에 대한 정보를 준다. 편리함과 서비스 점수를 별의 개수로 채점하는 방식이 유명하다.

미슐랭 가이드에서 별 하나 받기도 힘든데, 14년 연속 별 3개를 받은 거라면 진짜 대단하네요.

그럼~!

자…, 잠깐만 얘들아~!

분자요리가 아닌가 봐. 수비드 기계가 하나 밖에 없어.

뭐?

어, 정말이네?

조리대회 하기 전에 이벤트가 있나 본데?

정말요? 휴우~, 다행이다.

그러게.

그…, 그래? 미안!

우이~, 쒸!

마이크!

예, 여기 있습니다. 쉐프~.

아아아~, 모두들 주목하세요.

여러분 많이 긴장되시죠? 그래서 올해부터는 본선 경연에 앞서…; 간단한 식전 행사를 준비했습니다.

웅성

모두들 즐겨 주세요. 오늘의 이벤트는 분자요리입니다!

그럼 조리를 해 주실 주인공들을 소개하죠~!

웅성

우리나라보다 먼저 치뤄진 요리스타 프랑스의 우승자!

척

프랑스 명문 요리학교 '르 꼬르동 블루' 팀입니다!

뜨거운 박수로 환영해 주세요!

우아~!
와~!

르…; 꼬르동?

블…; 루? 앗!

질투
질투

원래 가연 언니로 돌아왔어….

무서워…!

채민이 이 계집애! 가만 두지 않겠어!

그럼 분자 요리를 시작해 주세요.

예, 셰프.

분자요리란 간단하게 말하면 과학을 이용한 요리입니다.

$^@%@*
(프랑스어)

!$%)^*!#
(프랑스어)

사람이 최고의 맛을 느낄 수 있도록 과학적으로 연구하고 분석하지요.

어떤 맛을 보면 뇌가 어떻게 느끼는지까지요.

엄마의 손맛과는 달라서 딱딱하게 느낄 수도 있을 거예요. 하지만 먹어 보면 생각이 바뀔 겁니다.

엄마의 손맛과는 다르다고?

그런데 어떻게 맛있을 수 있지?

그럼 분자요리 가운데 가장 대표적인 수비드 조리법을 보여드리겠습니다.

수비드는 항온 진공 저온 조리법을 말합니다.

항온, 즉 온도를 계속 일정하게 유지하면서,

낮은 온도에서 공기가 없는 진공 상태로 오랫동안 익히는 조리법이랍니다.

지잉~

고기는 물이 끓는점인 100℃에서 익는 게 아닙니다.

65℃에서 익힌 고기가 가장 맛있지요.

그런데 프라이팬이나 오븐으로 고기 속 깊숙하게 65℃로 익히는 건 어려워요.

겉의 수분이 모두 날아가고 검게 타버리는 '오버쿡'이 되기 십상이지요.

오버쿡?

너무 많이 익혔다는 뜻이야.

목소리조차 듣기 싫어!

활 활 활

하지만 수비드 조리법은 이런 걱정을 하실 필요가 없습니다.

풍 덩

진공 포장을 한 고기를 65℃로 맞춘 물에 집어 넣기만 하면 겉과 속이 똑같은 온도로 익혀지니까요.

우 와 아

흥, 잘난 척은! 결국 기계가 다 요리해 주는 거잖아.

요리하는 데 걸리는 긴 시간은 어쩔 거야. 배고파 죽겠는데~.

아, 정말 그렇구나.

이…, 이게 다인가요?

아니에요. 고기가 다 익으면 다음 조리법이 있습니다.

수비드 조리법의 단점은 시간이 많이 걸린다는 거예요.

쳇, 내가 그럴 줄 알았다. 귀신을 속여라.

우아~! 가연이, 정말 대단하다!

그럼 고기가 익는 동안 저희가 부탁한 일을 해 주시겠습니까?

쩍

예, 셰프!

요리스타 코리아 두 번째 본선 참가자들은 모두 대회장으로 내려와 주시기 바랍니다.

웅성 웅성 웅성

와 와아

천지신령님이시여, 비나이다, 비나이다~.

꼭 시험에 통과하게 해 주시옵소서.

전 반드시 조선 의궤를 찾아 아버님과 함께 돌아가야 하옵니다.

이번 주제는 뭘까?

글쎄요….

조용!
조용!

모두
주목!

이번 대회의 문제는 요리스타
프랑스 대회의 우승자,
채민 양이 제출하겠습니다!

준비
되셨나요?

네!

!

이런 게 어딨어?
같은 학생끼리
문제를 내다니!

벌

떡

나, 따질 거야.

가연아,
제발~.

흥

누군가 했네.
가연이구나.

넌 언제나 2등.
나에겐 못
이긴다니까~.

이러니까 네겐 채민이 유학 사실을 이야기 안 한 거라고~.

내 몸에 손대지 마!

이번에 반드시 우승할 거야.

채민이 코를 납작하게 만들 테니 두고 봐.

부들 부들 부들

쁘으

언니, 힘내세요!

웃지 마! 너도 마찬가지

꼴로 만들어 줄 테니까!

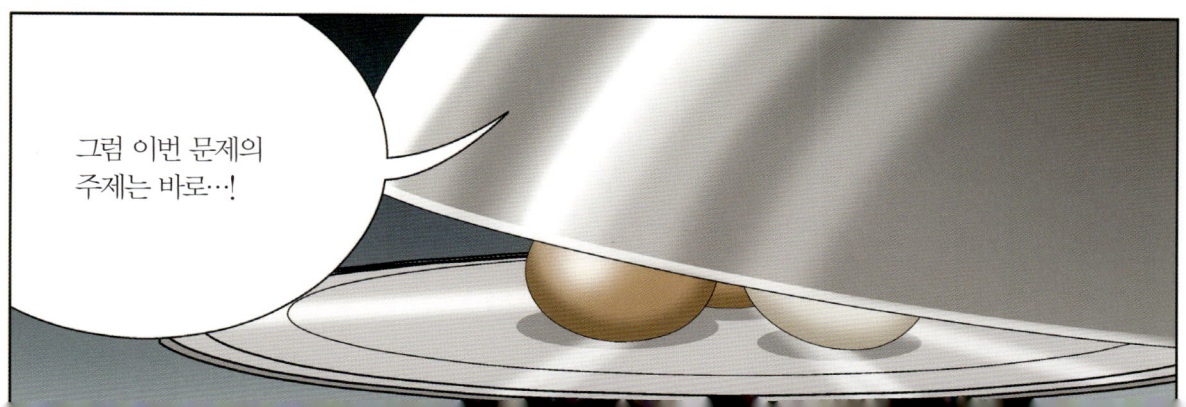

그럼 이번 문제의 주제는 바로…!

달걀
입니다!

따ㄴ

여러분의 조리대에는
이미 달걀 두 개가
준비돼 있습니다.

그 가운데 가장 신선한
달걀을 고르는 것이
오늘의 문제, 푸훗!

오~

에게게~!
이게 시험
문제라고?

수정과 연구하느라
밤새 한숨도
못 잤는데…

펑~

다들 황당하시죠? 하지만 생각보다 어려운 문제랍니다. 1분 안에 알아내세요~!

힌트는 과학적으로 생각할 것! 달걀을 깨서 살피면 50점 감점입니다~!

저게 지금 장난 쳐? 우릴 뭘로 보고…

정말이네. 오늘 채민이 장난이 아주 심한데…?

~♪

에이~! 빨리 끝내고 집에 가자.

신선한 달걀 고르기, 첫 번째! 껍질이 까칠까칠 해야 하지.

쓱 쓱 쓱

까칠

까칠

뭐야? 느낌이 똑같잖아!

우리는 두 번째 방법을 쓰자. 흔들어서 소리가 나거나 많이 흔들리면 나쁜 달걀.

흔들

흔들

?
?

왜 그러세요, 선배님?

그게…, 둘 다 소리가 안 나….

후훗

달걀은 내가 전문이지. 난 항상 빵을 만들 때 달걀을 쓰거든.

15초 경과!

빨리 하셔요, 빵 도련님! 시간이 없어요!

걱정 마.

척

이런…, 세 가지 방법을 다 썼는데 알 수가 없어.

역시 전교 1등 채민이야….

어떡하지, 청이야? 앗!

파 파 파

저기…, 뭐 해?

뭐 하기는요! 소금물을 만들고 있지 않습니까?

소금물? 왜?

갑자기 생각이 났사옵니다.

저희 어머니께선 장에 가서 달걀을 싸게 사 오시면요.

휙 휙

과연 소금물로 신선한 달걀을 골라 낼 수 있을까?
갈수록 흥미진진한 요리대결!《요리스타 청》 4권을 기대해 주세요.

정혜정 선생님의 요리 교실

친구들은 콜라, 사이다 등 탄산음료를 얼마나 마시나요? 달달하고 톡 쏘는 매력의 탄산음료가 맛은 있지만 많이 먹으면 몸에 좋지 않아요. 이제부터는 탄산음료 대신 몸에 좋은 우리 전통음료 수정과를 마시는 건 어떨까요? 수정과를 만들어서 가족 친지들에게 대접하는 것도 좋겠죠! 그럼 다 함께 만들어 봐요~.

탄산음료 물렀거라~, 전통음료 나가신다~! 수정과

재료 껍질 벗긴 생강 50g, 물 10컵(200ml 기준), 통계피 40g, 황설탕 1.5컵

❶ 생강 껍질을 벗겨서 얇게 저민다.
❷ 통계피는 알맞은 크기로 자르고 젖은 타월로 표면의 먼지와 불순물을 닦아준다.
❸ 저민 생강과 계피에 물을 부어 약한 불에서 30분 정도 뭉근히 끓인다.
❹ 미세한 먼지와 계피 가루를 거르기 위해 끓인 물을 면에 거른다.
❺ 생강과 계피 끓인 물에 설탕을 넣고 10분 정도 끓인 뒤 식힌다.

잠깐! ▶ 생강과 계피를 따로 한 번 끓인 뒤에 섞어 주면 각 재료의 향과 맛을 살릴 수 있어요. 또 수정과는 차게 먹어도 좋지만 따뜻한 차로 먹어도 좋아요. 여름에는 병에 담아 얼린 뒤 슬러시처럼 먹으면 별미랍니다.

소화제도 울고 갈
생강의 소화능력!

생강은 종합 위장약이라고 부를 만큼 우리 몸 속에서 음식물을 소화하는 능력이 우수하다. 생강 특유의 향을 내는 성분인 '진저롤'이 위 점막을 자극하면 위액이 많이 나와 소화가 더 잘 되고, 위와 장의 운동을 활발하게 해 변비를 예방할 수 있다. 이 밖에도 장 내 이상발효를 억제해 대장에서 암세포가 자라지 못하게 할 뿐만 아니라, 뇌의 혈류량을 증가시켜 산소와 포도당 같은 영양 물질을 공급하고 이산화탄소와 같은 노폐물을 배출하는 역할도 한다.

수정과, 송편과
같이 먹으면 젊어진다!

수정과와 송편을 함께 먹으면 항산화 효과가 높아진다는 연구 결과가 있다. 수정과와 송편에는 항암과 항균 등 항산화 효과가 있는 천연 폴리페놀이 많이 포함돼 있는데, 두 가지를 함께 섭취하면 항산화지수가 최고 40% 정도 높아진다는 사실이 확인됐다. 우리 몸을 이루는 세포들이 산화된다는 것은 노화를 의미한다. 따라서 수정과와 송편을 함께 먹고 항산화지수가 상승하면 성인병이나 노화를 예방하고 건강을 유지할 수 있다는 것을 뜻한다.